3ds Max
动画案例课堂实录
（第2版）

夏三鳌　谢晓勇　谢晓华　编著

清华大学出版社

北 京

内 容 简 介

3ds Max 作为当今著名的三维建模和动画制作软件,广泛应用于游戏开发、电影电视特效以及广告设计等领域。3ds Max 软件功能强大,扩展性好,并能与其他相关软件流畅配合使用。

全书共有 12 章,从 3ds Max 的基本操作入手,结合大量的可操作性经典案例,全面而深入地介绍了 3ds Max 的建模、室内、室外、材质、灯光、粒子、角色动画、毛发与布料等方面的技术。

本书适合作为高等院校相关专业的教材,也可以作为计算机培训的参考书,以及三维动画爱好者的自学读物。

图书在版编目(CIP)数据

3ds Max 动画案例课堂实录/夏三鳌,谢晓勇,谢晓华编著. —2 版. —北京:清华大学出版社,2017(2022.8 重印)

ISBN 978-7-302-46939-1

Ⅰ. ①3… Ⅱ. ①夏… ②谢… ③谢… Ⅲ. ①三维动画软件 Ⅳ. ①TP391.41

中国版本图书馆 CIP 数据核字(2017)第 074155 号

责任编辑:刘向威 张爱华
封面设计:文 静
责任校对:胡伟民
责任印制:朱雨萌

出版发行:清华大学出版社
   网 址:http://www.tup.com.cn,http://www.wqbook.com
   地 址:北京清华大学学研大厦 A 座 邮 编:100084
   社 总 机:010-83470000 邮 购:010-62786544
   投稿与读者服务:010-62776969,c-service@tup.tsinghua.edu.cn
   质量反馈:010-62772015,zhiliang@tup.tsinghua.edu.cn
   课件下载:http://www.tup.com.cn,010-83470236
印 装 者:涿州市京南印刷厂
经 销:全国新华书店
开 本:185mm×260mm 印 张:21.5 字 数:540 千字
版 次:2012 年 7 月第 1 版 2017 年 8 月第 2 版 印 次:2022 年 8 月第 3 次印刷
印 数:3301~3600
定 价:69.00 元

产品编号:066495-01

前 言

拥有强大功能的 3ds Max 在国内拥有大量的用户,它能稳定地运行在 Windows 操作系统中,而且易于操作,被广泛用于影视片头动画和游戏角色制作、三维动画制作、建筑效果图设计与制作、工程设计、影视广告制作、三维游戏设计、多媒体教学等领域。

全书共有 12 章,从 3ds Max 的基本操作入手,结合大量的可操作性经典案例,全面而深入地阐述了 3ds Max 的建模、室内、室外、材质、灯光、粒子、角色动画、毛发与布料等方面的技术。

本书以理论+案例的形式进行讲解,通过从简单到复杂的案例实现,让读者更好、更快地理解和掌握 3ds Max 软件相关的命令及其使用方法。案例选择实用;且接近商业制作,因此,对读者择业取向的确定有一定的帮助。

本书每章分别介绍一个技术板块的内容,讲解过程细致,实例数量丰富。通过丰富的实战练习,读者可以轻松而有效地掌握软件技术。以典型的实例制作为主线讲解,剖析了 50个经典案例,通过对这些案例的详细讲解,将 3ds Max 的各项功能、使用方法及其综合应用融入其中,从而让读者取得学以致用、立竿见影的学习效果。

本书的主要特点有三个。

(1)通过案例掌握概念和功能。

学习新知识时,理解各种概念是掌握其功能的关键。在 3ds Max 中,有许多概念比较难理解,本书通过让初学者亲身实践从而掌握操作,这种形式是理解概念的最佳方式。

(2)实例丰富,紧贴行业应用。

本书作者来自教学第一线,有丰富的教学与设计经验,在编写本书的过程中精心组织了与行业应用、岗位需求紧密结合的典型案例,且案例丰富,让教师在授课过程中有更多的演示环节,让学生在学习过程中有更多的动手实践机会,以巩固所学知识,迅速将所学知识应用到实际工作中。

(3)内容循序渐进,由浅入深。

本书系 2014 年湖南省社科基金项目"非物质文化遗产数字化研究——以女书为例"、2017 年湖南省社会科学成果评审委员会一般课题"新农村建设背景下的乡土建筑文化遗产数字化研究——以永州为例"、2013 年湖南科技学院精品资源共享课程——三维动画制作、2014 年湖南科技学院数字媒体技术专业综合改革试点项目的阶段性成果。

本书内容丰富、层次清晰、图文并茂,适合作为高等院校相关专业的教材,也可以作为计算机培训的参考书,以及三维动画爱好者的自学读物。

本书的配套素材和源文件请到清华大学出版社网站下载。

由于作者的经验有限,书中难免有疏漏之处,在此恳请专家和同行批评指正。如读者在阅读本书的过程中遇到问题,或有其他建议,请发电子邮件至 xiasanao@163.com。

编　者

2017 年 3 月

目　　录

第 1 章　3ds Max 基础知识

本章较为详细地介绍了 3ds Max 必须掌握的内容、发展方向和应用领域。3ds Max 提供了许多工具,并不是在每个场景的工作中都要使用所有的工具,但在每个场景的工作中都要移动、旋转和缩放对象。完成这些功能的基本工具称为变换。当变换时,还需要理解变换中使用的变换坐标系、变换轴和变换中心,还要经常使用捕捉功能。另外,在进行变换时还经常需要复制对象。因此,本章还要讨论与变换相关的一些功能,如镜像和对齐等。

3D Studio Max,常简称为 3d Max 或 3ds Max,是 Discreet 公司开发的(后被 Autodesk 公司合并)基于 PC 系统的三维动画渲染和制作软件。其前身是基于 DOS 操作系统的 3D Studio 系列软件。在 Windows NT 出现以前,工业级的 CG 制作被 SGI 图形工作站所垄断。3D Studio Max ＋ Windows NT 组合的出现一下子降低了 CG 制作的门槛,首先开始运用在计算机游戏中的动画制作,后来更进一步开始参与影视片的特效制作,例如《X 战警 II》(如图 1-1 所示),《最后的武士》等。

图　1-1

1.1　3ds Max 必须掌握的内容

1. 三维空间能力的锻炼

熟练掌握视图、坐标与物体的位置关系,应该做到放眼过去就可以判断物体的空间位置关系,可以随心所欲地控制物体的位置。这是最基本的要掌握的内容。如果这部分内容掌握不好,后面的所有内容都会受到影响。有设计基础和空间能力的朋友,掌握这部分内容其实很简单;没有基础的朋友,只要有科学的学习和锻炼方法,也可以很快地掌握。

2. 基本的操作命令

选择、移动、旋转、缩放、镜像、对齐、阵列、视图工具,这些命令是最常用也是最基本的,几乎所有制作都会用到。几个常用的三维和二维几何体的创建操作熟悉之后,就掌握了 3ds Max 的基本操作习惯。

3. 二维图案的编辑

很多三维物体的生成和效果都是取决于二维图案。二维图案的编辑主要是用 Edit Spline 来实现。对于曲线图案的点、段、线编辑主要涉及几个常用的命令：Attach Refine，Outline Boonlean，Trim Wed Fillet Chemfer 等，熟练掌握这些命令，才可以自如地编辑各类图案。

4. 材质、灯光效果

材质、灯光是不可分割的，材质效果是靠灯光来体现的，材质也会影响灯光效果表现。没有灯光的世界是黑暗的。材质、灯光效果是效果图的灵魂，也是效果图制作的一个难点。

（1）掌握常用的材质参数、贴图的原理和应用。

（2）熟悉灯光的参数及与材质效果的关系。

（3）灯光、材质效果的表现主要是物理方面的体现，应该加强常识的认识和物理知识。

（4）想掌握好材质、灯光效果的控制，除了上述几方面，感觉也很重要，也是突破境界的一个瓶颈。所谓的感觉，就是艺术方面的修养，这就需要我们不断加强美术方面的修养，多注意观察实际生活中的效果，加强色彩方面的知识等。

5. 掌握环境、效果、Video post、高级灯光渲染设置

全面学习 3ds Max 使用环境、效果、Video post 来制作各种效果，高级灯光和各种渲染技术的使用方法，以及如何渲染出具有真实感的场景的方法。

6. 粒子系统

粒子系统可用于各种动画任务，主要为大量小型对象设置动画。3ds Max 提供了非事件驱动和事件驱动两种不同类型的粒子系统。非事件驱动粒子系统为随时间生成粒子对象提供了相对简单而又直接的方法，以便模拟雪、雨、尘埃等效果，在非事件驱动粒子系统中，粒子通常在动画过程中显示类似的属性；事件驱动粒子系统也称粒子流，它可以测试粒子属性，并根据测试结果将其发送给不同的事件，当粒子位于事件中时，每个事件都指定粒子的不同属性和行为。

7. 角色动画

3ds Max 中的 character studio 功能集提供设置 3D 角色动画的专业工具，能够快速而轻松地构建骨骼(也称角色装配)，然后设置其动画，从而创建运动序列的一种环境。可以使用动画效果的骨骼来驱动几何的运动，以此创建虚拟的角色。可以生成这些角色的群组，并使用代理系统和程序行为设置群组运动的动画。

1.2 3ds Max 的发展方向和应用领域

3ds Max 是目前全球拥有用户最多的三维软件，尤其在游戏、建筑、影视领域，而且已经开始向高端电影产业进军。

1. 建筑装潢设计

室内建筑效果图、室外建筑动画及相关多媒体、VR 虚拟现实产品，如图 1-2 所示。

这个行业(前期)与 CAD 制图紧密相关，(后期)与平面、后期合成、多媒体编程、网页编程等技术相接。作为其中的一个环节，目前使用最多的是 3ds Max 软件，它的特点是前期

图　　1-2

有 Autodesk 公司的 AutoCAD 制图软件,后期有 Discreet 公司的 combustion 合成软件,连贯性比较好,而且 3ds Max 的建筑方面更倾向于数据化,比较精确。其自身的扫描线渲染器的速度非常快,适合高效的工作要求。在这个行业中,计算机效果图已经产业化,出现了很多具有相当规模的制作和设计公司。

2. 影视片头包装

影视片头包括电视片头动画、电视台整体包装等,其效果如图 1-3 所示。

图　　1-3

由于电视台的增多,栏目包装变得越来越重要,相应的工作也变得越来越多。这部分工作其实是以后期合成软件为主的,三维软件只是作为其生产的三维动画元素的一个部分,重点是质感亮丽的立体标志、文字,还有一些光、火、粒子等抽象效果。

3. 影视产品广告

这类产品动画在制作和创意上的难度都比片头包装大,不仅要求质感亮丽,还需要复杂的建模、角色动画等,对三维软件技术的要求比前两个领域都高。其效果如图 1-4 所示。

4. 电影特技

电影特技如今越来越多地开始使用三维动画和合成特技,像国产大片《功夫》使用了大量的三维动画镜头。对于电影工业,三维动画的一个特点是可以营造现实中没有的事物和景观;另一特点是能降低制作成本,其效

图　　1-4

果图如图 1-5 所示。

图　1-5

5. 工业产品的设计

　　工业产品的设计需要大量的流线曲面，而且要求表面合理，一般采用 NURBS 曲面进行建模，不用多边形模拟的方法。有些三维软件提供了 NURBS 建模系统，如 3ds Max、Maya，但因为不是主要的方向，所以都不是很完善。其效果图如图 1-6 所示。

图　1-6

6. 游戏开发

　　3ds Max 在全球应用最广泛的领域是游戏产业。图 1-7 所示为使用 3ds Max 开发的游戏场景。

图　1-7

7. 三维卡通动画

继《玩具总动员》后,世界上掀起了三维动画片的热潮,几乎部部都成功,如《海底总动员》《怪物史莱克》等,如图 1-8 所示。

图　1-8

1.3　对象变换

在 3ds Max 中,对象的变换是创建场景至关重要的部分。除了直接的变换工具之外,还有许多工具可以完成类似的功能。要更好地完成变换,必须要对变换坐标系和变换中心有深入的理解。

当变换对象时,如果能够合理地使用镜像、阵列和对齐等工具,可以节约很多建模时间。

1.3.1　变换

可以使用变换移动、旋转和缩放对象。要进行变换,可以从工具栏上访问变换工具,也可以使用快捷菜单访问变换工具。工具栏上的变换工具如下:

(1) ✛：选择并移动。

(2) ↻：选择并旋转。

(3) ▱：选择并等比例缩放。

(4) ▱：选择并不等比例缩放。

(5) ：选择并挤压变形。

1. 变换轴

选择对象后,每个对象上都显示一个有 3 个轴的坐标系,如图 1-9 所示。坐标系的原点就是轴心点。每个坐标系上有 3 个箭头,分别标记 X、Y 和 Z,代表 3 个坐标轴。被创建的对象将自动显示坐标系。

当选择变换工具后,坐标系将变成变换 Gizmo,图 1-10～图 1-12 所示分别是移动、旋转和缩放的 Gizmo。

图　1-9

图　1-10

图　1-11

图　1-12

2. 变换的键盘输入

有时需要通过键盘输入而不是鼠标操作来调整数值。3ds Max 支持许多键盘输入功能,包括输入给出对象在场景中的准确位置,输入给出具体的参数数值等。可以使用"移动变换输入"对话框(如图 1-13 所示)进行变换数值的输入。可以通过在工具栏的变换工具上右击访问"移动变换输入"对话框,也可以直接使用状态栏中的键盘输入区域。

图　1-13

　　提示:要显示"移动变换输入"对话框,必须首先单击变换工具,激活它,然后在激活的变换工具上右击。

"移动变换输入"对话框由两个数字栏组成。一栏是"绝对:世界";另外一栏是"偏移:世界"。如果选择的视图不同,可能有不同的显示。下面的数字是被变换对象在世界坐标系中的准确位置,输入新的数值后,将使对象移动到该数值指定的位置。例如,如果在"移动变换输入"对话框的"绝对：世界"下面分别给 X、Y 和 Z 输入数值 0、0、40，那么对象将移动到世界坐标系中的 0、0、40 处。

在"偏移：世界"栏中输入数值将相对于对象的当前位置进行变换。例如，在"偏移：世界"栏中分别给 X、Y 和 Z 输入数值 0、0、40，那么将把对象沿着 Z 轴移动 40 个单位。

"移动变换输入"对话框是非模式对话框，这就意味着当执行其他操作时，对话框仍然可以被保留在屏幕上。

可以在状态栏中通过键盘输入数值，如图 1-14 所示。它的功能类似于"移动变换输入"对话框，只是需要通过一个按钮切换"绝对"和"偏移"。

图　1-14

1.3.2　克隆对象

为场景创建几何体被称为建模。

克隆对象是一个重要且非常有用的建模技术。克隆的对象可以用作精确的复制品，也可以作为进一步建模的基础。例如，如果场景中需要很多灯泡，就可以创建其中的一个，然后复制出其他的。如果场景需要很多灯泡，但是这些灯泡还有一些细微的差别，那么可以先复制原始对象，然后再对复制品做些修改。

克隆对象有两个方法。一是按住 Shift 键执行变换操作（移动、旋转和比例缩放）；二是从菜单栏中选择"编辑"→"克隆"命令。

无论使用哪种方法进行变换，都会弹出"克隆选项"对话框，如图 1-15 所示。

图　1-15

在"克隆选项"对话框中，可以指定克隆对象的数目和克隆的类型等。克隆有复制、实例、参考 3 个选项。

（1）"复制"选项克隆一个与原始对象完全无关的复制品。

（2）"实例"选项也克隆一个对象，该对象与原始对象还有某种关系。例如，使用"实例"选项克隆一个球，如果改变其中一个球的半径，另外一个球也跟着改变。使用"实例"选项复制的对象之间是通过参数和编辑修改器相关联的，各自的变换无关，是相互独立的。这就意味着，如果给其中一个对象应用了编辑修改器，使用"实例"选项克隆的另外一些对象也将自动应用相同的编辑修改器。但是如果变换一个对象，使用"实例"选项克隆的其他对象并不一起变换。此外，使用"实例"选项克隆的对象可以有不同的材质和动画。使用"实例"选项克隆的对象比使用"复制"选项克隆的对象需要更少的内存和磁盘空间，使文件装载和渲染的速度要快一些。

（3）"参考"选项是特别的"实例"。在某种情况下，它与克隆对象的关系是单向的。例如，如果场景中有两个对象，一个是原始对象，另外一个是使用"参考"选项克隆的对象。如果给原始对象增加一个编辑修改器，克隆的对象也被增加了同样的编辑修改器。但是，如果给使用"参考"选项克隆的对象增加一个编辑修改器，那么它将不影响原始的对象。实际上，使用"参考"选项复制的对象常用于面片类型的建模过程。

1.3.3 变换坐标系

在每个视口的左下角有一个由红、绿、蓝3个轴组成的坐标系图标。这个可视化的图标代表的是3ds Max 的世界坐标系(World Reference Coordinate System)。三维视口(摄像机视口、用户视口、透视视口和灯光视口)中的所有对象都使用世界坐标系。

下面介绍如何改变坐标系,并讨论各个坐标系的特征。

1. 改变坐标系

通过在工具栏中单击"参考坐标系"按钮,然后在其下拉式列表中选取一个坐标系(如图1-16所示)可以改变变换中使用的坐标系。

当选择了一个对象后,选择坐标系的轴将出现在对象的轴心点或中心位置。在默认状态下,使用坐标系是视图(View)坐标系。为了理解各个坐标系的作用原理,必须首先了解世界坐标系。

2. 世界坐标系

世界坐标系的图标总是显示在每个视口的左下角。如果在变换时想使用这个坐标系,那么可以从"参考坐标系"列表中选取。

当选取了世界坐标系后,每个选择对象的轴显示的是世界坐标系的轴,如图1-17所示。可以使用这些轴移动、旋转和缩放对象。

图 1-16   图 1-17

3. 屏幕坐标系

当参考坐标系被设置为屏幕坐标系"屏幕"时,每次激活不同的视口,对象的坐标系就发生改变。不论激活哪个视口,X轴总是水平指向视口的右边,Y轴总是垂直指向视口的上面。这意味着在激活的视口中,变换的XY平面总是面向用户。

在如前视口、顶视口和左视口等正交视口中,使用屏幕坐标系是非常方便的。但是,在透视视口或其他三维视口中,使用屏幕坐标系就会出现问题。由于XY平面总是与视口平行,会使变换的结果不可预测。

视图坐标系可以解决在屏幕坐标系中所遇到的问题。

4. 视图坐标系

视图坐标系是世界坐标系和屏幕坐标系的混合体。在正交视口中,视图坐标系与屏幕坐标系一样,而在透视视口或其他三维视口中,视图坐标系与世界坐标系一致。

视图坐标系结合了屏幕坐标系和世界坐标系的优点。

5. 局部坐标系

创建对象后,会指定一个局部坐标系。局部坐标系的方向与对象创建的视口相关。例如,当创建圆柱后,它的局部坐标系的 Z 轴总是垂直于视口,它的局部坐标系的 XY 平面总是平行于计算机屏幕。即使切换视口或旋转圆柱,它的局部坐标系的 Z 轴总是指向高度方向。

当从"参考坐标系"列表中选取"局部"坐标系后,就可以看到局部坐标系,如图 1-18 所示。

图　1-18

提示:通过轴心点可以移动或旋转对象的局部坐标系。对象的局部坐标系的原点就是对象的轴心点。

6. 其他坐标系

除了世界坐标系、屏幕坐标系、视图坐标系和局部坐标系外,还有其他坐标系,下面介绍其中的 4 个坐标系。

(1)父对象坐标系:该坐标系只对有链接关系的对象起作用。如果使用这个坐标系,当变换子对象时,它使用父对象的变换坐标系。

(2)栅格坐标系:该坐标系使用当前激活栅格系统的原点作为变换的中心。

(3)平衡环坐标系:该坐标系与局部坐标系类似,但其 3 个旋转轴并不一定要相互正交,通常与 Euler XYZ 旋转控制器一起使用。

(4)拾取坐标系:该坐标系使用特别的对象作为变换的中心。该坐标系非常重要,将在后面详细讨论。

7. 变换中心

在工具栏中参考坐标系右边的按钮是变换中心弹出按钮,如图 1-19 所示。每次执行旋转或比例缩放操作时,都是对轴心点进行变换的,因为默认的变换中心是轴心点。

3ds Max 的变换中心有 3 个,分别如下。

(1)使用轴心点中心:使用选择对象的轴心点作为变换中心。

图　1-19

（2）使用选择集中心：当多个对象被选择时，使用选择的对象的中心作为变换中心。

（3）使用变换坐标系的中心：使用当前激活坐标系的原点作为变换中心。

当旋转多个对象时，这些选项非常有用。使用轴心点中心将关于自己的轴心点旋转每个对象，而使用选择集中心将关于选择对象的共同中心点旋转对象。

使用变换坐标系的中心对于拾取坐标系非常有用。

8. 拾取坐标系

假如希望绕空间中某个特定点旋转一系列对象，最好使用拾取坐标系。即使选择了其他对象，变换的中心仍然是特定对象的轴心点。

如果要绕某个对象周围按圆形排列一组对象，那么使用拾取坐标系非常方便。例如，可以使用拾取坐标系安排桌子和椅子等。

1.4 经典案例

1.4.1 运动小球

通过本案例学习掌握拾取坐标系的用法及功能。

Step 1 单击"创建"面板中的"几何体"按钮，在其下方的下拉列表框中选择"标准基本体"选项，在"对象类型"卷展栏中单击"长方体"按钮，在顶视图中创建一个长方形木板，如图 1-20 所示。其参数设置如图 1-21 所示。

图　1-20

Step 2 在工具栏中选择旋转工具 ⟳，在前视口中旋转木板，使其有一定的倾斜，如图 1-22 所示。

Step 3 单击"创建"面板中的"几何体"按钮，在其下方的下拉列表框中选择"标准基本体"选项，在"对象类型"卷展栏中单击"球体"按钮，创建一个半径为 10 的球，并使用移动

工具 将小球的位置移到木板的上方,如图 1-23 所示。在调节时,可以在 4 个视口中从各个角度进行移动,以方便观察。

图 1-21　　　　　　　　　　　　　　　　　图 1-22

图　1-23

Step 4　选中小球,在参考坐标系列表中选择"拾取"选项。在透视视口中单击木板,则对象名 Box001 出现在参考坐标系区域。同时,在视口中,小球的变换坐标发生变化。前视口中的状态如图 1-24 所示。

Step 5　在时间区域单击"自动关键点"按钮,将时间滑动块移动到第 100 帧。将小球移动至木板的底端,如图 1-25 所示。

Step 6　使用旋转工具 ↻ 将小球转动几圈,如图 1-26 所示。

Step 7　关闭动画按钮。单击 ▶ 按钮播放动画,可以看到小球沿着木板下滑的同时滚动。

图 1-24

图 1-25

图 1-26

1.4.2 挂钟

通过本案例学习掌握角度捕捉的用法及功能。

Step 1 选择"文件"→"打开"命令，打开"挂钟 max"素材文件，如图 1-27 所示。

Step 2 单击"创建"面板中的"几何体"按钮，在其下方的下拉列表框中选择"标准基本体"选项，在"对象类型"卷展栏中单击"球体"按钮，在前视图中创建一个球体（如图 1-28 所示）。

图   1-27   图   1-28

Step 3 选择创建的球体，单击"创建"面板中的 🔧 按钮，进入子物层级，单击"轴"按钮，再单击"仅影响轴"按钮。在前视图使用移动工具将轴移到中心位置，如图 1-29 所示。

Step 4 再次单击"仅影响轴"按钮，退出子物层级，然后在"角度捕捉切换"工具上右击（注意要使该工具处于激活状态），接着在弹出的"栅格和捕捉设置"对话框中选择"选项"选项卡，设置"角度"为 30.0 度，如图 1-30 所示。

图   1-29   图   1-30

Step 5 单击工具栏中的 🔄 按钮，在前视图中按住 Shift 键将其绕 Y 轴旋转复制，在弹出的"克隆选项"对话框中设置参数，如图 1-31 所示，单击"确定"按钮，效果如图 1-32 所示。

图　1-31　　　　　　　　　　　　图　1-32

习　　题

1. 运用变换坐标系知识,建立如图 1-33 所示的模型。
2. 运用"拾取"坐标系知识制作圆球物体下滑效果,如图 1-34 所示。

图　1-33　　　　　　　　　　　　图　1-34

第2章 | 二维图形建模

二维图形由一个或多个样条线组成。样条线的最基本元素是节点。在样条线上相邻两个节点中间的部分是线段。可以通过改变节点的类型控制曲线的光滑度。

通过应用如"挤出""倒角""倒角剖面""放样"等编辑修改器可以将二维图形转换成三维几何体。

2.1 二维图形的基础

二维图形的子对象包括"顶点""线段"和"样条线"。要访问样条线的子对象,需要选择"修改"面板。要访问参数化的二维图形的子对象,需要应用"编辑"修改器,或将它转换成"编辑样条线"。

2.1.1 二维图形的术语

二维图形是由一条或多条样条线组成的对象。样条线是由一系列点定义的曲线。样条线上的点通常被称为节点。每个节点包含定义它的位置坐标信息以及曲线通过节点方式导信息。样条线中连接两个相邻节点的部分称为线段,如图2-1所示。

(a)

(b)　　　　　　　　　　　　(c)

图　2-1

2.1.2 二维图形的用法

二维图形通常作为三维建模的基础。针对二维图形应用如"挤出""倒角""倒角剖面""放样"等编辑修改器就可以将它转换成三维图形。二维图形的另外一个用法是作为"放样路径"控制器的路径。可以将二维图形直接设置成可以渲染的,来创建如霓虹灯一类的效果。

2.1.3 二维图形的共有属性

二维图形有一个共有的"渲染"和"插值"属性。这两个卷展栏如图 2-2 所示。

在默认情况下,二维图形不能被渲染。但是,有一个选项可以将它设置为可以渲染的。如果激活了这个选项,那么在渲染时将使用一个指定厚度的圆柱网格取代线段,这样就可以生成如霓虹灯等的模型。指定网格的边数可以控制网格的密度。可以指定是在视口中渲染二维图形,还是在渲染时渲染二维图形。对于视口渲染和扫描线渲染来讲,网格大小和密度设置可以是独立的。

在 3ds Max 内部,样条线有确定的数学定义。但是,在显示和渲染时就使用一系列线段来近似样条线。插值设置决定使用的直线段数。"步数"决定在线段的两个节点之间插入的中间点数。中间点之间用直线来表示。"步数"参数的取值范围是 0~100。0 表示在线段的两个节点之间没有插入中间点。该数值越大,插入的中间点就越多。一般情况下,在满足基本要求的情况下,尽可能将该参数设置得较小。

2.1.4 "开始新图形"选项

在"对象类型"卷展栏中有一个"开始新图形"选项,如图 2-3 所示,用来控制所创建的一组二维图形是一体的,还是独立的。

图 2-2   图 2-3

前面已经提到,二维图形可以包含一个或多个样条线。当创建二维图形时,如果选中了"开始新图形"复选框,创建的图形就是独立的新图形;如果取消选中"开始新图形"复选框,那么创建的图形就是一个二维图形。

2.2 编辑样条线修改器

二维图形的修改加工主要通过可编辑样条线修改器完成。创建二维图形后,通过编辑二维图形的子对象修整图形的形状,二维图形的子对象层级包括"顶点""线段"和"样条线"。

2.2.1 编辑样条线修改器卷展栏

编辑样条线修改器有 3 个卷展栏,即"选择"卷展栏、"软选择"卷展栏和"几何体"卷展栏,如图 2-4 所示。

图　2-4

2.2.2 "选择"卷展栏

可以在这个卷展栏中设定编辑层次。一旦设定了编辑层次,就可以用 3ds Max 的标准选择工具在场景中选择该层次的对象。

"选择"卷展栏中的"区域选择"选项,用来增强选择功能。选中这个复选框后,离选择节点的距离小于该区域指定的数值的节点都将被选择。这样,就可以通过单击的方法一次选择多个节点。可以在这里命名子对象的选择集,系统根据节点、线段和样条线的创建次序对它们进行编号。

2.2.3 "软选择"卷展栏

"软选择"卷展栏的工具主要用于子对象层次的变换。"软选择"定义一个影响区域,在这个区域的子对象都被软选择。变换应用软选择的子对象时,其影响方式与一般的选择不同。例如,如果将选择的节点移动 5 个单位,那么软选择的节点可能只移动 2.5 个单位,如图 2-5 所示。这里选择了螺旋线的中心点。当激活软选择后,某些节点用不同的颜色显示,表明它们离选择点的距离不同。这时如果移动选择的点,那么软选择的点移动的距离较近,如图 2-6 所示。

图 2-5   图 2-6

2.2.4 "几何体"卷展栏

"几何体"卷展栏包含许多子对象工具,这些工具与选择的子对象层次密切相关。

"样条线"子对象层次的常用工具如下。

附加:给当前编辑的图形增加一个或多个图形。这些被增加的二维图形也可以由多条样条线组成。

分离:从二维图形中分离线段或样条线。

布尔运算:对样条线进行并、交和差运算。并(Union)是将两个样条线结合在一起形成一条样条线,该样条线包容两个原始样条线的公共部分。交(Intersection)是根据两条样条线的相交区域创建一条样条线。差(Subtraction)是将从一个样条线中删除与另外一个样条线相交的部分。

外围线:给选择的样条线创建一条外围线,相当于增加一个厚度。

2.3   使用编辑修改器将二维对象转换成三维对象

很多编辑修改器可以将二维对象转换成三维对象。本节介绍"挤出""车削""倒角"编辑修改器。

2.3.1 "挤出"编辑修改器

"挤出"编辑修改器沿着二维对象的局部坐标系的 Z 轴增加一个厚度,还可以沿着拉伸方向给它指定段数。如果二维图形是封闭的,可以指定拉伸的对象是否有顶面和底面。

"挤出"输出的对象类型可以是"面片""网格"和 NURBS,默认的类型是"网格"。

下面举例说明如何使用"挤出"编辑修改器拉伸对象。

Step 1 选择"文件"→"打开"命令,打开"标志.max"素材文件,如图 2-7 所示。

图　2-7

Step 2 选取标志的二维图形,打开"修改"面板,在"修改器列表"下拉列表框中选择"挤出"选项,在"参数"卷展栏中设置"数量"为 20.0mm,如图 2-8 所示。挤出效果如图 2-9 所示。

图　2-8

图　2-9

Step 3 为模型赋予相应材质,然后按 F9 键,渲染效果如图 2-10 所示。

提示:材质的编辑在以后章节中介绍。"挤出"生成的 3D 实体,边缘较锐利,一般不适合做圆角标志,如图 2-11 所示。

图 2-10

图 2-11

2.3.2 "车削"编辑修改器

"车削"编辑修改器沿指定的轴向旋转二维图形,用来建立如高脚杯、盘子和花瓶等模型。旋转的角度可以是 0°~360°的任何数值。

下面举例说明如何使用"车削"编辑修改器。

Step 1 激活前视图,单击"创建"面板中的"图形"按钮 ,在"对象类型"卷展栏中单击"线"按钮,在前视图中从上到下依次画出花瓶剖面的右半部分,如图 2-12 所示。

提示:绘制时要注意端点和终点尽量处在同一条垂直线上。

Step 2 打开"修改"面板,在"修改器列表"下拉列表框中选择"编辑样条线"选项,在"选择"卷展栏中单击 按钮,如图 2-13 所示,进入"顶点"子对象层级。

图 2-12

图 2-13

Step 3 在"几何体"卷展栏中单击"圆角"按钮,如图 2-14 所示。直接在前视图中单击需要圆角的点并移动鼠标,将二维图形调整为如图 2-15 所示的模样。

图　2-14　　　　　　　　　　　　　　　　图　2-15

　　提示：在绘制曲线时，在满足基本轮廓形状下应该尽量减小节点数，这样可以大大减少
最终生成的三维网格物体的面片数，加速 CPU 的运算速度，特别在制作大型的场景时，速
度可以提高几十倍。

　　Step 4　　单击"创建"面板中的"修改"按钮 ，进入"修改"面板，在"修改器列表"下拉
列表框中选择"车削"选项，效果如图 2-16 所示。

图　2-16

　　Step 5　　在"修改"面板中的"对齐"选项区域单击"最小"按钮，如图 2-17 所示。效果
如图 2-18 所示。

第
2
章

二维图形建模

图　2-17

图　2-18

Step 6　选中"翻转法线"复选框,如图 2-19 所示。此时模型效果如图 2-20 所示。

图　2-19

图　2-20

2.3.3 "倒角"编辑修改器

　　"倒角"编辑修改器与"挤出"编辑修改器类似,但是比"挤出"编辑修改器的功能更强一些。它除了沿着对象的局部坐标系的 Z 轴拉伸对象外,还可以分三个层次调整截面的大小,创建如倒角字一类的效果,如图 2-21 所示。

图 2-21

下面举例说明如何使用"倒角"编辑修改器。

Step 1　选择"文件"→"打开"命令,打开素材中的标志文件,如图 2-22 所示。

图　2-22

Step 2　选取标志二维图形,打开"修改"面板,在"修改器列表"下拉列表框中选择"倒角"选项,设置其参数,如图 2-23 所示。倒角效果如图 2-24 所示。

图　2-23

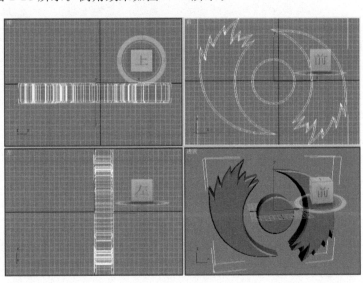

图　2-24

第 2 章

二维图形建模

Step 3 为模型赋予相应材质,然后进行渲染,效果如图 2-25 所示。

图 2-25

提示:如果想让倒角图形出现如图 2-26 所示的透空效果,只要在"修改"面板上取消选中"封口"选项区域中的"始端""末端"复选框即可,如图 2-27 所示。

图 2-26

图 2-27

2.4 经典案例

2.4.1 玻璃杯与冰块制作

本案例通过制作玻璃杯与冰块,介绍如何使用"线"工具创建玻璃杯剖面造型,然后用"车削"修改器完成其造型。同时通过"噪波"命令将"切角长方体"制作成冰块自然形状。

Step 1 激活左视图,单击"创建"面板中的"图形"按钮 ⬚,在"对象类型"卷展栏中单击"线"按钮,在左视图中从上到下依次绘制出酒杯的剖面,如图 2-28 所示。

Step 2 打开"修改"面板,在"修改器列表"下拉列表框中选择"编辑样条线"选项,在"选择"卷展栏中单击 ⋯ 按钮(如图 2-29 所示),进入"顶点"子对象层级。

图 2-28   图 2-29

Step 3 在"几何体"卷展栏中单击"圆角"按钮（如图 2-30 所示），直接在左视图中单击需要进行圆角的点并移动鼠标，将二维图形调整为如图 2-31 所示的模样。

图 2-30

图 2-31

Step 4 在"修改器列表"下拉列表框中选择"编辑样条线"选项，在"选择"卷展栏中单击 ∧ 按钮，进入"样条线"子对象层级。在"几何体"卷展栏中单击"轮廓"按钮，在左视图选择绘制样条线并移动鼠标，绘制的轮廓线效果如图 2-32 所示。

Step 5 在"修改器列表"下拉列表框中选择"编辑样条线"选项，在"选择"卷展栏中单击 ∧ 按钮，进入"线段"子对象层级，然后删除下面不需要的线段，效果如图 2-33 所示。

Step 6 在"修改器列表"下拉列表框中选择"编辑样条线"选项，在"选择"卷展栏中单击 ∷ 按钮，进入"顶点"子对象层级，调整后的顶点效果如图 2-34 所示。

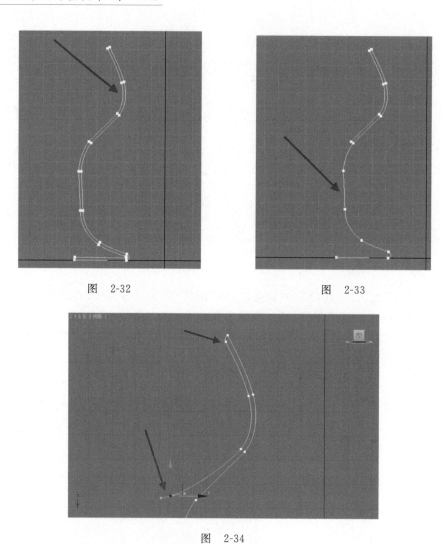

图　2-32　　　　　　　　　　　　　　　　　　图　2-33

图　2-34

Step 7　　再次单击 ⋯ 按钮,退出"顶点"子对象层级。打开"修改"面板,在"修改器列表"下拉列表框中选择"车削"选项,此时模型的效果如图 2-35 所示。

图　2-35

Step 8　可以发现视图中的造型不是想要的。在"修改"面板的"对齐"选项区域单击"最小"按钮,如图 2-36 所示。此时的模型效果如图 2-37 所示。

图　2-36

图　2-37

Step 9　　绘制杯中酒。激活左视图,将前面绘制的酒杯的样条线复制,然后在"修改器列表"下拉列表框中选择"编辑样条线"选项。在"选择"卷展栏中单击 ∧ 按钮,进入"线段"子对象层级,然后删除下面不需要的线段,只留下上面部分,制作杯中酒,效果如图 2-38所示。

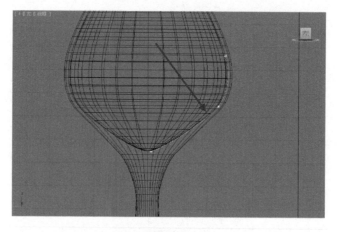

图　2-38

Step 10　　单击"创建"面板中的"图形"按钮 ,在"对象类型"卷展栏中单击"线"按钮,在左视图中沿上步删除后的线段上部绘制水平直线,如图 2-39 所示。

图　2-39

Step 11　　选择绘制的直线,进入"修改"面板,在"修改器列表"下拉列表框中选择"编辑样条线"选项,单击 ∧ 按钮,进入"样条线"子对象层级,在"几何体"卷展栏中单击"附加"按钮(如图 2-40 所示),并选择前面创建的一条曲线,使之连接为一个整体,如图 2-41 所示。

Step 12　　再次单击 ∧ 按钮,退出"样条线"子对象层级。打开"修改"面板,在"修改器列表"下拉列表框中选择"车削"选项。此时模型的效果如图 2-42 所示。

Step 13　　绘制杯中物。单击"创建"面板中的"几何体"按钮 ,在"对象类型"卷展栏中单击"几何球体"按钮,在顶视图中创建一个几何球体并调整其位置,如图 2-43 所示,其参数设置如图 2-44 所示。

图 2-40

图 2-41

图 2-42

图 2-43

图 2-44

二维图形建模

Step 14 单击"创建"面板中的"几何体"按钮 ⚪，在其下方的下拉列表框中选择"扩展基本体"选项，显示出"扩展基本体"面板，如图 2-45 所示。单击"纺锤"按钮，在顶视图中创建一个纺锤体并调整其位置，其参数设置如图 2-46 所示。

图 2-45

图 2-46

Step 15 制作冰块。单击"创建"面板中的"几何体"按钮 ⚪，在其下方的下拉列表框中选择"扩展基本体"选项，显示"扩展基本体"面板。单击"切角长方体"按钮，在透视图中创建一个切角长方体，如图 2-47 所示。设置其参数如图 2-48 所示。

Step 16 选取创建的切角长方体，打开"修改"面板，在"修改器列表"下拉列表框中选择"噪波"选项，设置相应参数，如图 2-49 所示。噪波效果如图 2-50 所示。

图 2-47

图 2-48

图 2-49

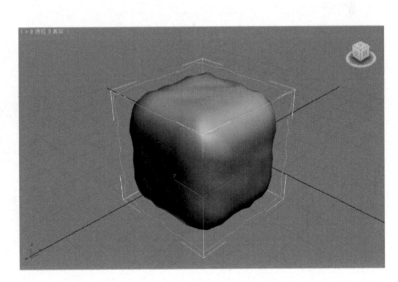

图 2-50

二维图形建模

Step 17 将制作好的冰块复制、移动及旋转,效果如图 2-51 所示。

图　2-51

Step 18 为创建好的模型赋予材质并添加灯光,然后进行渲染,最终效果如图 2-52 所示。

图　2-52

2.4.2　文件夹制作

本案例通过制作文件夹模型,介绍如何通过"编辑样条线"及"挤出"等命令完成其造型。

Step 1　单击"创建"面板中的"图形"按钮 ，在"对象类型"卷展栏中单击"矩形"按钮,在顶视图中绘制矩形,并设置其参数如图 2-53 所示。

图　2-53

Step 2　在"渲染"卷展栏中,分别选中"在渲染中启动""在视口中启动"复选框,然后设置"径向"的"厚度"值为 2.0,如图 2-54 所示。

Step 3　打开"修改"面板,在"修改器列表"下拉列表框中选择"编辑样条线"选项。在"选择"卷展栏中单击 按钮,进入"顶点"子对象层级,如图 2-55 所示。单击工具栏中的 按钮。在顶视图选择上面一排顶点。在顶视图将选择的顶点向上移动,然后在前视图中将选择的顶点向下移动,效果如图 2-56 所示。

图　2-54

图　2-55

图　2-56

Step 4 单击"创建"面板中的"图形"按钮 ,在"对象类型"卷展栏中单击"线"按钮，在左视图中绘制曲线,效果如图 2-57 所示。

图 2-57

Step 5 在顶视图中,单击工具栏中的 按钮,将绘制的曲线移到左边位置,如图 2-58 所示。按住 Shift 键的同时移动并复制多根曲线,效果如图 2-59 所示。

图 2-58

图 2-59

二维图形建模

Step 6 用同样的方法,在前视图中绘制曲线并复制,效果如图 2-60 所示。

图 2-60

Step 7 绘制文件夹,单击"创建"面板中的"图形"按钮 ,在"对象类型"卷展栏中单击"线"按钮,在左视图中绘制曲线,效果如图 2-61 所示。

图 2-61

Step 8 打开"修改"面板,在"修改器列表"下拉列表框中选择"挤出"选项,在"参数"卷展栏中设置"数量"为 190.0,此时模型的效果如图 2-62 所示。

Step 9 单击"创建"面板中的"几何体"按钮,在"对象类型"卷展栏中单击"圆柱体"按钮,在前视图中创建一个圆柱体,如图 2-63 所示。其参数设置如图 2-64 所示。

图　2-62

图　2-63

图　2-64

Step 10　在前视图中,单击工具栏中的 ✛ 按钮,选择创建圆柱体,按住 Shift 键,然后移动鼠标,复制另一根圆柱体,效果如图 2-65 所示。

Step 11　选择文件,单击"创建"面板中的 ✷ 按钮,在其下拉列表框中选择"复合对象"选项,在"对象类型"卷展栏中单击"布尔"按钮,然后单击"拾取操作对象 B"按钮,拾取上一步创建的圆柱体,效果如图 2-66 所示。

Step 12　用同样的操作,进行"布尔"运算,制作另一个圆孔,效果如图 2-67 所示。

　提示:进行"布尔"运算时,两个圆孔分两次进行"布尔"运算,否则运算会出错。

第 2 章

二维图形建模

图　2-65

图　2-66

Step 13 单击"创建"面板中的"几何体"按钮 ，在"对象类型"卷展栏中单击"圆环"按钮，在前视图中创建一个圆环，如图 2-68 所示。其参数设置如图 2-69 所示。

Step 14 为文件夹赋予材质并添加灯光，然后进行渲染处理，效果如图 2-70 所示。

图　2-67

图　2-68

图　2-69

图　2-70

习　　题

1. 尝试制作如图 2-71 所示的模型。
2. 制作如图 2-72 所示的模型。

图　2-71

图　2-72

第3章 编辑修改器和复合对象

在 3ds Max 中,编辑修改器是编辑场景对象的主要工具。当给模型增加编辑修改器后,就可以通过参数设置改变模型。

要减小文件大小并简化场景,可以将编辑修改器堆栈的显示区域塌陷成可编辑的网格,但是这样做将删除所有编辑修改器和与编辑修改器相关的动画。

面片建模生成基于 Bezier 的表面。创建一个样条线构架,然后再应用一个表面编辑修改器即可创建表面。面片模型的一个很大的优点是可以调整网格的密度。

3.1 编辑修改器

编辑修改器是用来修改场景中几何体的工具。3ds Max 自带了许多编辑修改器,每个编辑修改器都有自己的参数集合和功能。一个编辑修改器可以应用于场景中一个或多个对象,根据参数的设置修改对象。同一对象也可以被应用于多个编辑修改器。后一个编辑修改器接收前一个编辑修改器传递过来的参数,编辑修改器的次序对最后的结果影响很大。

在编辑修改器列表中可以找到 3ds Max 的编辑修改器。在命令面板上有编辑修改器堆栈显示区域,用来显示应用的几何体的编辑修改器,下面介绍这个区域。

3.1.1 编辑修改器堆栈显示区域

编辑修改器堆栈显示区域其实就是一个列表,包含基本对象和作用于基本对象的编辑修改器。通过这个区域,可以方便地访问基本对象和它的编辑修改器。图 3-1 所示为给基本对象增加了"UVW 贴图""网格平滑"的编辑修改器。

如果在编辑修改器堆栈显示区域选择了编辑修改器,那么它的参数将显示在"修改"面板的下半部分。

3.1.2 FFD 编辑修改器

该编辑修改器用于变形几何体,由一组称为格子的控制点组成。通过移动控制点,其下面的几何体也跟着变形。

FFD 编辑修改器有 3 个子对象层次。

(1)控制点:单独或成组变换控制点。当控制点变换时,其下面的几何体也跟着变化。

(2)晶格:独立于几何体变换格子,以便改变编辑修改器的影响。

(3)设置体积:变换格子控制点,以便更好地适配几何体。做这些调整时,对象不变形。

42

图　3-1

"FFD 参数"卷展栏如图 3-2 所示。

"FFD 参数"卷展栏包含 3 个主要选项区域。"显示"选项区域控制是否在视口中显示格子,还可以按没有变形的样子显示格子。

"变形"选项区域可以指定编辑修改器是否影响格子外面的几何体。

"控制点"选项区域可以将所有控制点设置回它的原始位置,并使格子自动适应几何体。

3.1.3 "噪波"编辑修改器

"噪波"编辑修改器可以随机变形几何体。可以设置每个坐标方向的强度。在"噪波"编辑修改器中可以设置动画,因此表面变形可以随着时间改变。变化的速率受"参数"卷展栏中"动画"选项区域下面的"频率"参数的影响,如图 3-3 所示。

图　3-2

图　3-3

"种子"数值可以改变随机图案。如果两个参数相同的基本对象应用了同样参数的"噪波"编辑修改器,那么变形效果将是一样的。这时改变"种子"数值将使它们的效果变得不一样。

3.1.4 "锥化"编辑修改器

"锥化"编辑修改器通过缩放对象的两端而产生锥形轮廓修改造型,同时还可以加入光滑的曲线轮廓,允许用户控制倒角的倾斜度、曲线轮廓的曲度,还可以限制局部的倒角效果。

下面举例说明如何使用"锥化"编辑修改器。

Step 1　单击"创建"面板中的"图形"按钮,在"对象类型"卷展栏中单击"星形"按钮,在前视图中绘制一个星形,在"参数"卷展栏中设置"半径1"为105.0,"半径2"为40.0,"点"为5,如图3-4所示。绘制效果如图3-5所示。

图　3-4　　　　　　　　　　　　　　　　图　3-5

Step 2　打开"修改"面板,在"修改器列表"下拉列表框中选择"挤出"选项,在"参数"卷展栏中设置挤出"数量"为20.0,效果如图3-6所示。

图　3-6

编辑修改器和复合对象

Step 3　在"修改器列表"下拉列表框中选择"锥化"选项，在"参数"卷展栏中设置锥化"数量"为－1.0，如图 3-7 所示。锥化效果如图 3-8 所示。

图　3-7　　　　　　　　　　　　　　　　　图　3-8

Step 4　激活顶视图，单击工具栏中的 按钮，在弹出的"镜像：屏幕　坐标"对话框中进行参数设置，如图 3-9 所示。

图　3-9

Step 5　将制作好的星星复制，并赋予材质，渲染透视图效果如图 3-10 所示。

图　3-10

3.2 复合对象

复合对象是将两个或多个对象结合起来形成的。常见的复合对象包括布尔、放样和连接等对象。

3.2.1 布尔对象

1. 布尔对象和运算对象的概念

布尔对象是根据几何体的空间位置结合两个三维对象形成的对象。每个参与结合的对象称为运算对象。通常参与运算的两个布尔对象应该有相交的部分。有效的运算操作包括：生成代表两个几何体总体的对象；从一个对象上删除与另外一个对象相交的部分；生成代表两个对象相交部分的对象。

2. 布尔运算的类型

在布尔运算中常用的 3 种操作如下。

(1) 并集：生成代表两个几何体总体的对象。

(2) 交集：生成代表两个对象相交部分的对象。

(3) 差集：从一个对象上删除与另外一个对象相交的部分。可以从第一个对象上减去与第二个对象相交的部分，也可以从第二个对象上减去与第一个对象相交的部分。

3. 创建布尔运算的方法

在用户界面中，运算对象称为 A 和 B。当进行布尔运算时，选择的对象被当作运算对象 A，后加入的对象变成了运算对象 B。图 3-11 所示为布尔运算的参数卷展栏。

图   3-11

选择对象 B 之前，需要指定操作类型是"并集"。"交集""差集"中的一种。一旦选择了对象 B，就自动完成布尔运算，视口也会更新。

提示：可以在选择对象 B 后，再选择运算对象。也可以创建嵌套的布尔运算对象，将布尔对象作为一个运算对象进行布尔运算就可以创建嵌套的布尔运算。

4. 显示和更新选项

在"显示/更新"卷展栏中,该卷展栏的显示选项允许按如下几种方法观察运算对象或运算结果。

(1)结果:这是默认的选项,只显示运算的最后结果。

(2)操作对象:显示运算对象 A 和运算对象 B,就像布尔运算前一样。

(3)结果＋隐藏的操作对象:显示最后的结果和运算中去掉的部分,去掉的部分以线框方式显示。

5. 表面拓扑关系的要求

表面拓扑关系指对象的表面特征。表面特征对布尔运算能否成功影响很大。对运算对象的拓扑关系有如下几点要求。

(1)运算对象的复杂程度类似。如果在网格密度差别很大的对象之间进行布尔运算,可能会产生细长的面,从而导致不正确的渲染。

(2)在运算对象上最好没有重叠或丢失的表面。

(3)表面法线方向应该一致。

6. 编辑布尔对象

当创建完布尔对象后,运算对象被显示在编辑修改器堆栈的显示区域,如图 3-12 所示。

图 3-12

可以通过"修改"面板编辑布尔对象和它们的运算对象。在编辑修改器显示区域,布尔对象显示在层级的最顶层。可以展开布尔层级来显示运算对象,这样就可以访问在当前布尔对象或者嵌套布尔对象中的运算对象。可以改变布尔对象的创建参数,也可以给运算对象增加编辑修改器。在视口中更新布尔运算对象的任何改变。

可以从布尔运算中分离出运算对象。分离的对象可以是原来对象的复制品,也可以是原来对象的关联复制品。如果是采用复制的方式分离的对象,那么它将与原始对象无关。如果是采用关联的方式分离的对象,那么对分离对象进行的任何改变都将影响布尔对象。采用关联的方式分离对象是编辑布尔对象的一个简单方法,这样就不需要频繁使用"修改"面板中的层级列表。

对象被分离后,仍然处于原来的位置,因此需要移动对象才能看得清楚。

3.2.2 放样对象

用一个或者多个二维图形沿着路径扫描就可以创建放样对象,定义横截面的图形被放置在路径的指定位置,可以通过插值得到截面图形之间的区域。

1. 放样的相关术语

路径和横截面都是二维图形。但是在界面内分别被称为路径和截面图形,如图 3-13 所示。

图 3-13

2. 创建放样对象

在创建放样对象之前必须先选择一个截面图形或者路径。如果先选择路径,那么开始的截面图形将被移动到路径上,以便它的局部坐标系的 Z 轴与路径的起点相切。如果先选择了截面图形,将移动路径,以便它的切线与截面图形局部坐标系的 Z 轴对齐。

指定的第一个截面图形将沿着整个路径扫描,并填满这个图形。要给放样对象增加其他截面图形,必须先选择放样对象,然后指定截面图形在路径上的位置,最后选择要加入的截面图形。

插值在截面图形之间创建表面。3ds Max 使用每个截面图形的表面创建放样对象的表面。如果截面图形的第一点相差很远,将创建扭曲的放样表面。也可以在给放样对象增加完截面图形后,旋转某个截面图形来控制扭转。

图　3-14

有 3 种方法可以指定截面图形在路径上的位置。指定截面图形位置时使用的是"路径参数"卷展栏,如图 3-14 所示。

百分比:用路径的百分比来指定横截面的位置。

距离:用从路径开始的绝对距离来指定横截面的位置。

路径步数:用表示路径样条线的节点和步数来指定位置。

下面举例说明如何使用"放样"编辑修改器放样对象。

Step 1　单击"创建"面板中的"图形"按钮,在"对象类型"卷展栏中单击"线"按钮,在顶视图中绘制一条直线,然后单击"矩形"按钮,创建一个矩形,单击"圆"按钮,创建一个圆形,如图 3-15 所示。

图　3-15

Step 2　确认直线处于选择状态,单击"创建"面板中的 ○ 按钮,在其下方的下拉列表框中选择"复合对象"选项,在其"对象类型"卷展栏中单击"放样"按钮,如图 3-16 所示。

Step 3　单击"创建方法"卷展栏中的"获取圆形"按钮,然后在视图中单击矩形,产生的图形如图 3-17 所示。

Step 4　在"路径参数"卷展栏中设置"路径"值为 40.0,此时会看到黄色星的位置移到了路径 40%的位置上(如图 3-18 所示),单击"获取图形"按钮,在顶视图中单击矩形截面,如图 3-19 所示。

图 3-16

图 3-17

图 3-18

图　　3-19

Step 5　将"路径"值设置为 55.0，获取圆形截面形状，如图 3-20 所示。

图　　3-20

Step 6　选取放样物体，打开"修改"面板，在修改器堆栈中选择"图形"子对象层级，在"图形命令"卷展栏中单击"比较"按钮（如图 3-21 所示），选择如图 3-22 所示放样的圆，单击

编辑修改器和复合对象

工具栏中的 按钮,将所选择的圆旋转一定的角度,调整放样形状如图 3-22 所示。

图　3-21

图　3-22

Step 7　由于放样体的边缘是锐边,将其圆角化。选择矩形,进入"修改"面板,在"参数"卷展栏中,将"角半径"设置为 3.0,此时的放样物体形状如图 3-23 所示。

Step 8　选取放样物体,单击工具栏中的 按钮,按住 Shift 键的同时,拖动放样物体至合适位置,此时将复制出放样物体,效果如图 3-24 所示。

图　3-23

图　3-24

第3章

编辑修改器和复合对象

Step 9 将制作好的筷子贴上材质并打上灯光,效果如图 3-25 所示。

图 3-25

3.2.3 连接对象

在两个表面有孔的对象之间创建连接的表面。

1. 运算对象的方向

两个运算对象上的孔应该相互面对。只要丢失表面(形成孔)之间的夹角在−90°～+90°之间,那么就应该形成连接的表面。

2. 多个孔

如果对象上有多个孔,那么可以在其上创建多个连接。但是连接数不可能多于最少孔数对象上的孔数。如果对象上有多个孔,那么应该使它们之间有合适的位置,否则可能创建相互交叉的对象。

3. 连接表面的属性

连接的命令面板如图 3-26 所示。使用这个面板可以参数化地控制运算对象之间的连接。可以指定连接网格对象上的段数、平滑和张力。较高的张力数值使连接表面相互靠近,从而使它们向中心收缩。较低的正张力数值倾向于在运算对象的孔之间进行线性插值,负的张力数值增加连接对象的大小。

图 3-26

还可以使用平滑组控制连接几何体及其相邻表面之间的光滑程度。在默认的情况下,末端是不光滑的。

3.3 经典案例

3.3.1 耳机制作

本案例通过制作耳机模型,介绍"放样"及其修改命令的使用方法。

Step 1 单击"创建"面板中的"图形"按钮 ⬚ ,在"对象类型"卷展栏中单击"线"按钮,在前视图中绘制如图 3-27 所示的曲线。

图   3-27

Step 2   单击"创建"面板中的"图形"按钮 ，在"对象类型"卷展栏中单击"圆"按钮，
在顶视图中绘制如图 3-28 所示的圆。

图   3-28

Step 3   选择绘制曲线，在"几何体"创建面板的下拉列表框中选择"复合对象"选项，
在其"对象类型"卷展栏中单击"放样"按钮，如图 3-29 所示。

Step 4   单击"创建方法"卷展栏中的"获取图形"按钮，然后在视图中单击圆形，产生
的图形如图 3-30 所示。

Step 5   保存放样对象处于选择状态，进入"修改"面板，在"变形"卷展栏中单击"缩

图 3-29

图 3-30

放"按钮,打开"缩放变形"窗口,如图 3-31 所示。在该窗口中可以对放样模型进行更细致的设置。首先单击"插入角点"按钮,根据耳机侧面的伸缩状况沿着变形曲线增加若干个角点,然后使用"移动控制点"和"缩放控制点"工具移动角点位置(如图 3-32 所示),使放样对象呈现耳机大体形状,如图 3-33 所示。

图　3-31

图　3-32

编辑修改器和复合对象

图　3-33

Step 6　平滑曲线。在"缩放变形"窗口中选择所有角点,右击,在弹出的快捷菜单中选择"Bezier-平滑"选项,将原来的角点变为 Bezier 平滑方式(如图 3-34 所示),适当地调整各点两端的手柄,使耳机模型显得更加平滑,如图 3-35 所示。

图　3-34

Step 7　选择机壳和耳机喇叭部分连接处的角点,右击,在弹出的快捷菜单中选择"Bezier-角点"选项,然后调整该点两端的手柄,使其变为折角,如图 3-36 所示。

图　3-35

图　3-36

Step 8　选择耳机壳底部与电线相连接处的 3 个点，右击，在弹出的快捷菜单中选择"Bezier-角点"选项将其转换为 Bezier-角点，然后使用"插入角点"按钮在其凹槽内再增加一个新的角点，并且将它也转换为"Bezier-角点"选项；根据耳机的结构，将下面两个顶点和上面两个顶点都调整为折角形式,如图 3-37 所示。

图 3-37

Step 9 单击"蒙皮参数"卷展栏,设置"图形步数"值为 12,"路径步数"值为 10,使耳机看上去更加光滑,效果如图 3-38 所示。

Step 10 为创建好的模型赋予材质并添加灯光,然后进行渲染,最终效果如图 3-39 所示。

3.3.2 制作樱桃

本案例通过制作樱桃模型,介绍 FFD 以及"编辑多边形"修改命令的使用方法。

Step 1 在场景中创建一个茶壶,单击"创建"面板中的"几何体"按钮 ◯ ,在"对象类型"卷展栏中单击"茶壶"按钮,在顶视图中创建一个茶壶,其参数设置如图 3-40 所示,取消选中"壶把""壶嘴""壶盖"复选框,效果如图 3-41 所示。

图 3-38

图 3-39

图 3-40

图 3-41

编辑修改器和复合对象

Step 2 在"修改器列表"下拉列表框中选择"FFD3 * 3 * 3"选项,然后选择"控制点"子物体层级,在前视图中选择如图 3-42 所示的控制点,用"选择并均匀缩放"工具在透视图中将其身内缩成如图 3-43 所示的形状。

图 3-42 图 3-43

Step 3 使用"选择并移动"工具在前视图中将中间和顶部的控制点向上拖曳到如图 3-44 所示的位置,效果如图 3-45 所示。

图 3-44 图 3-45

Step 4 制作樱桃模型。单击"创建"面板中的"几何体"按钮 ，在"对象类型"卷展栏中单击"球体"按钮,在视图中创建一个球体,其参数设置如图 3-46 所示,取消选中"平滑"复选框,效果如图 3-47 所示。

图 3-46 图 3-47

Step 5　选择球体,然后右击,在弹出的快捷菜单中选择"转换为"→"转换为可编辑多边形"选项,如图 3-48 所示。

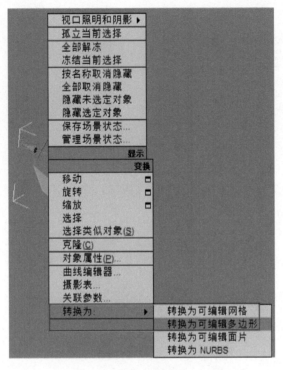

图　3-48

Step 6　在"修改器列表"下拉列表框中选择"编辑样条线"选项,在"选择"卷展栏中单击 按钮,进入"顶点"子对象层级,选择如图 3-49 所示顶点,调整顶点效果如图 3-50 所示。

图　3-49

图　3-50

Step 7　在"修改器列表"下拉列表框中选择"网络平滑"选项,设置参数如图 3-51 所示,模型效果如图 3-52 所示。

编辑修改器和复合对象

图 3-51   图 3-52

Step 8   用多边形建模方法制作樱桃把,并复制多个樱桃,然后将其摆放在杯子内和桌上,最终效果如图 3-53 所示。

图 3-53

习 题

1. 运用编辑修改器制作如图 3-54 所示的图形。
2. 运用复合对象制作如图 3-55 所示的图形。

图 3-54   图 3-55

第4章 室内、室外效果图设计制作

人们绝大部分时间是在室内度过的,因此,室内环境必然会直接影响到人们的生活质量。在进行室内设计时,应以保障安全和有利于人们的身心健康作为室内设计的首要前提。对于室内环境除了有使用安排、冷暖光照等物质功能方面的要求之外,还常有与建筑物的类型、居住人的性格相适应的室内环境氛围、风格文脉等精神功能方面的要求,如图 4-1 所示为室内效果图。

室外设计是室内设计的延伸,在建筑室外表现图中,特殊环境下的气氛营造往往很容易吸引人的眼球,但这样的效果需要制作者有极强的画面控制能力,同时需要制作者有一定的生活积累。平时的观察很重要,而把这些观察的结果在作图时应用到画面上,再有一定程度的发挥和想象,完成一幅优秀的表现作品就不是什么难事了。室外效果图如图 4-2 所示。

图　4-1

图　4-2

4.1　捕 捉 开 关

4.1.1　捕捉开关工具

捕捉开关工具(快捷键为 S 键)包含"2D 捕捉"工具,"2.5D 捕捉"工具和"3D 捕捉"3 种工具,如图 4-3 所示。

"2D 捕捉"工具主要用于捕捉活动的栅格。"2.5D 捕捉"工具主要用于捕捉结构或捕捉根据网格得到的几何体。"3D 捕捉"工具可以捕捉 3D 空间中的任何位置。

提示:在"捕捉开关"上右击,可以弹出"栅格和捕捉设置"对话框,在该对话框中可以设置捕捉类型和捕捉的相关选项，如图 4-4 所示。

图 4-3　　　　　　　　　　　　　　　　　　　图 4-4

4.1.2　角度捕捉切换

"捕捉切换"工具可以用来指定捕捉角度（快捷键为 A 键），激活该工具后，角度捕捉影响所有的旋转变换，在默认状态下以 5.0 度为增量进行旋转，如图 4-5 所示。

图　4-5

4.2　转化为可编辑多边形的 4 种方法

在 3ds Max 建模过程中，经常会使用到将模型转化为可编辑多边形。在 3ds Max 中转化为可编辑多边形的 4 种方法如下。

1. 右击直接转化

选择对象，右击，在弹出的快捷菜单中选择"转换为可编辑多边形"选项，如图 4-6 所示。

提示：使用此种方法，之前模型的参数将会全部丢失。

2. 修改器转化

选中对象，在修改器面板中选择"编辑多边形"选项，如图 4-7 所示。

图　4-6

图　4-7

提示：使用此种方法，之前模型的参数将会保留。

3. 在建模选项卡中转化

选择对象，在建模选项卡中选择"多边形建模"选项，在建模面板中选择"转化为多边形"选项，如图4-8所示。

室内、室外效果图设计制作

图 4-8

提示：使用此种方法，之前模型的参数将会全部丢失。

4. 在修改器堆栈中转化

选择对象，在修改器堆栈中右击，在弹出的快捷菜单中选择"可编辑多边形"选项，如图 4-9 所示。

图 4-9

提示：使用此种方法，之前模型的参数将会全部丢失。

4.3 经典案例

4.3.1 室内效果制作

本案例将一个长方体进行修改，学习"连接"命令的运用。

Step 1 单击"创建"面板中的"几何体"按钮 ⚫，在"对象类型"卷展栏中单击"长方形"按钮，在顶视图中创建一个长方体（如图 4-10 所示），其参数设置如图 4-11 所示。

图　4-10　　　　　　　　　　　图　4-11

Step 2 选择长方体并右击，在弹出的快捷菜单中选择"转换为可编辑多边形"选项，如图 4-12 所示。

图　4-12

Step 3 进入"多边形"子对象层级,选择如图 4-13 所示的多边形,删除效果如图 4-14 所示。

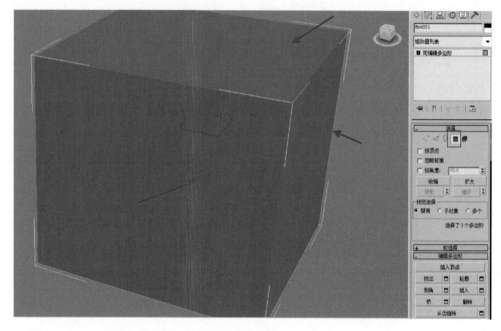

图　4-13

Step 4 进入"边"子对象层级,在顶视图中选择左侧两条边,在"编辑边"卷展栏中单击"连接"右边的 ▣ 按钮,在弹出的"连接边"对话框中设置"分段"为 1(如图 4-15 所示),单击"确定"按钮。

图　4-14

图　4-15

Step 5 进入"多边形"子对象层级,选择 Step 4 中连接产生的两个多边形中的一个,设置挤出高度为 2000.0,如图 4-16 所示,然后删除多余的多边形,效果如图 4-17 所示。

Step 6 绘制踢脚线。进入"边"子对象层级,在前视图中选择侧面的所有边,在"编辑边"卷展栏中单击"连接"右边的 ▣ 按钮,在弹出的"连接边"对话框中设置"分段"为 2(如图 4-18 所示),单击"确定"按钮。

图　4-16　　　　　　　　　　　　　　图　4-17

图　4-18

Step 7　　进入"顶点"子对象层级，选择 Step 6 连接操作产生的靠上方的一组顶点，右击按钮，在弹出的"移动变换"输入对话框中将 Z 轴高度修改为 2200.0（如图 4-19 所示），这是拉门高度，然后将下方顶点 Z 轴高度修改为 100.0，这是踢脚线高度，效果如图 4-20 所示。

图　4-19　　　　　　　　　　　　　　图　4-20

室内、室外效果图设计制作

Step 8 进入"多边形"子对象层级,按住 Ctrl 键,选择底部一圈多边形,设置挤出高度为-50.0,如图 4-21 所示。

图 4-21

Step 9 制作拉门部分。进入"边"子对象层级,在顶视图中选择制作拉门墙体的边,在"编辑边"卷展栏中单击"连接"右边的 ▢ 按钮,在弹出的"连接边"对话框中设置"分段"为3(如图 4-22 所示),单击"确定"按钮,效果如图 4-23 所示。

图 4-22

图 4-23

Step 10 进入"多边形"子对象层级,选择如图 4-24 所示的多边形,删除效果如图 4-25所示。

图 4-24

图 4-25

Step 11　制作吊顶部分。选择地面多边形,单击工具栏中的✛按钮,按住 Shift 键向上拖动多边形,在弹出的"克隆部分网格"对话框中选中"克隆到对象"单选按钮,如图 4-26 所示。

图　4-26

Step 12　进入"修改"面板,在"修改器列表"下拉列表框中选择"壳"选项,在"参数"卷展栏中设置"外部量"为 50.0,效果如图 4-27 所示。

图　4-27

Step 13　在顶视图中创建一个半径为 500、高为 200 的圆柱体,移动到天花板中间,如图 4-28 所示。

Step 14　选择创建的天花板,单击"创建"面板中的 ⬤ 按钮,在其下方的下拉列表框中选择"复合对象"选项,单击"布尔"按钮,在"参数"卷展栏中选择"差集"选项,单击"拾取操作对象 B"按钮,在视图中选取创建的圆柱体,此时效果如图 4-29 所示。

室内、室外效果图设计制作

图 4-28

图 4-29

Step 15 按前面的方法创建天花板,并将其移动到如图 4-30 所示位置。

Step 16 将室内贴上材质,导入拉门、餐桌和柜子,然后布光,最终效果如图 4-31 所示。

图 4-30

图 4-31

4.3.2 室外效果制作

本案例通过制作一个结构简单的住宅模型,详细讲解建筑建模的基本制作流程,包括 CAD 导入与在 3ds Max 中制作模型。通过本部分内容的学习,可以使读者对建筑建型的制作流程有所了解,为以后的工作与学习打下基础。

Step 1 导图。选择"文件"→"导入"命令,在弹出的"选择要导入的文件"对话框中选择"BC 平面-完成"文件,单击"打开"按钮,弹出"AutoCAD DWG/DXF 导入选项"对话框,单击"确定"按钮,导入 CAD 图,如图 4-32 所示。

Step 2 选择"编辑"→"全选"命令,选择导入的场景,再选择"组"→"成组"命令,将组命名为"平面",如图 4-33 所示。

图 4-32

图　4-33

Step 3　右击工具栏中的"选择并移动"按钮，在弹出的"移动变换输入"对话框中，将全部参数归零，如图 4-34 所示。

Step 4　用同样的方法导入"南立面"CAD图，将其进行成组、归零操作，然后将其在顶视图中与导入的平面对齐，如图 4-35 所示。

图　4-34

图　4-35

Step 5　将南立面沿 X 轴旋转 $90°$，然后在前视图中使用捕捉和移动工具将南立面的下沿与平面对齐，如图 4-36 所示。

Step 6　切换到顶视图，为了方便，将南立面移动到平面的后面，如图 4-37 所示。

室内、室外效果图设计制作

图 4-36

图 4-37

Step 7 制作南立面。将图纸导入到 3ds Max 中后，接下来开始模型的制作，制作的顺序从整体到局部，一般按照墙体—玻璃—窗框—细节的顺序制作。先制作主体墙面，然后添加窗框、玻璃及细节。本案例详细讲解南立面的制作，其他立面可使用同样方法制作。

Step 8 单击工具栏中的"2.5D"捕捉工具，单击"创建"面板中的"图形"按钮，在"对象类型"卷展栏中单击"矩形"按钮，在前视图中按照墙轮廓创建 4 个矩形，如图 4-38 所示。

图 4-38

Step 9 将导入的 CAD 图冻结。选择其中一个矩形,将其转化为"可编辑样条线",然后进入"修改"面板,在"几何体"卷展栏中单击"附加"按钮,拾取其他 3 个矩形,将其结合成一物体,如图 4-39 所示。

图 4-39

Step 10 打开"修改"面板,在"修改器列表"下拉列表框中选择"挤出"选项,在"参数"卷展栏中设置"数量"为 200.0(如图 4-40 所示),挤出效果如图 4-41 所示。

图 4-40   图 4-41

Step 11 切换到顶视图中,将挤出物体移动至如图 4-42 所示的位置。

图 4-42

Step 12 创建侧面墙体。在顶视图中创建矩形,如图 4-43 所示。

Step 13 打开"修改"面板,在"修改器列表"下拉列表框中选择"挤出"选项,在"参数"卷展栏中设置"数量"为 6750.0,挤出效果如图 4-44 所示。

第4章

室内、室外效果图设计制作

图　4-43

Step 14　切换到前视图，方法同上，制作出一、二层右边的墙体并将其合并，如图 4-45 所示。

图　4-44

图　4-45

Step 15　给墙体指定材质，效果如图 4-46 所示。

图　4-46

Step 16 制作第一、二层窗框。切换至前视图中,单击"创建"面板中的"图形"按钮,在"对象类型"卷展栏中单击"矩形"按钮,按窗框的外轮廓创建矩形,取消选中"开始新图形"复选框,在前视图中沿窗框的内沿再创建矩形,如图 4-47 所示。

提示:取消选中"开始新图形"复选框的目的是使已绘制的两个矩形形成一个对象,或者将其中一个矩形转换为"可编辑的样条线",然后"附加",拾取另一个矩形以使矩形结合为一个对象,这两种方法效果一样。

Step 17 打开"修改"面板,在"修改器列表"下拉列表框中选择"挤出"选项,在"参数"卷展栏中设置"数量"为 100.0,挤出窗框,然后用同样的方法制作窗框,效果如图 4-48 所示。

图 4-47

图 4-48

Step 18 给窗框指定材质,效果如图 4-49 所示。

Step 19 制作玻璃。切换至前视图中,单击"创建"面板中的"图形"按钮,在"对象类型"卷展栏中单击"矩形"按钮,创建矩形,然后在"修改器列表"下拉列表框中选择"挤出"选项,在"参数"卷展栏中设置"数量"为 50.0,挤出玻璃,效果如图 4-50 所示。

图 4-49

图 4-50

Step 20 给玻璃指定材质,效果如图 4-51 所示。

Step 21 制作百叶。切换至前视图中,单击"创建"面板中的"图形"按钮,在"对象类型"卷展栏中单击"矩形"按钮,创建矩形,然后在"修改器列表"下拉列表框中选择"挤出"选项,在"参数"卷展栏中设置"数量"为 50.0,挤出百叶,效果如图 4-52 所示。

室内、室外效果图设计制作

图　4-51

图　4-52

Step 22　在顶视图中调整百叶位置（如图 4-53 所示），然后为百叶指定材质。

图　4-53

Step 23　用同样的方法创建第三层南立面墙体、窗框和玻璃，并指定相应材质，效果如图 4-54 所示。

图　4-54

Step 24 制作楼层间隔板。切换至顶视图中，单击"创建"面板中的"图形"按钮，在"对象类型"卷展栏中单击"线"按钮，沿 CAD 图形内沿创建图形（如图 4-55 所示），然后在"修改器列表"下拉列表框中选择"挤出"选项，在"参数"卷展栏中设置"数量"为 300.0，挤出层间隔板，效果如图 4-56 所示。

图 4-55

图 4-56

Step 25 给楼层间隔板指定材质，效果如图 4-57 所示。

图 4-57

室内、室外效果图设计制作

Step 26 选择南立面第三层楼体墙体、窗框、玻璃,选择"组"→"成组"命令,将其成组,然后选择楼层间隔板,按住 Shift 键,在弹出的"克隆选项"对话框中,设置"副本数"为24,移动并复制 24 层,效果如图 4-58 所示。

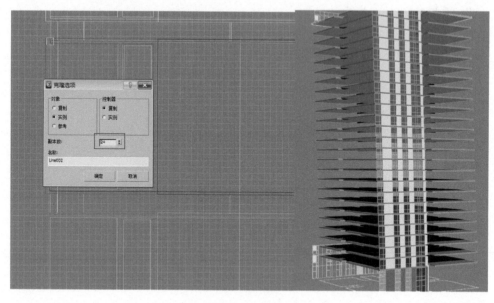

图 4-58

Step 27 用同样的方法制作其他立面,最后效果如图 4-59 所示。

图 4-59

习 题

1. 制作如图 4-60 所示的室内效果。

图　4-60

2. 制作如图 4-61 所示的室外效果。

图　4-61

第4章

室内、室外效果图设计制作

第5章 材质编辑

在 3ds Max 中,材质与贴图的建立和编辑都是通过材质编辑器完成的。通过 3ds Max 渲染功能,可以将创建的材质和贴图表现出来,使物体表面显示不同的质地、色彩和纹理。

材质在三维模型创建过程中是至关重要的一环,可以通过它来增加模型的细节,体现出模型的质感。总而言之,材质直接影响着对象模型的创建。图 5-1 所示为赋予材质的模型。

图　5-1

5.1　材质编辑器的使用

单击工具栏中的 按钮即可打开"材质编辑器"窗口,如图 5-2 所示。

材质编辑器共分为两大部分。上部分为固定不变区,包括示例显示、材质效果和垂直的工具列与水平的工具行等一系列功能按钮。名称栏中显示当前材质名称,如图 5-3 所示。

下半部分为可变区,从 Basic Parameters 卷展栏开始,包括各种参数卷展栏,如图 5-4 所示。

5.1.1　示例显示区

在材质编辑器的上方区域为示例显示区,示例显示区包含多个示例窗,在示例窗中用户可以预览材质和贴图,如图 5-5 所示。

在默认状态下示例显示为球体,每个窗口显示一种材质。可以使用材质编辑器的控制器改变材质,并将它赋予场景的物体。最简单的赋予材质的方法就是用鼠标将材质直接拖曳到视窗中的物体上。

图 5-2

图 5-3

图 5-4

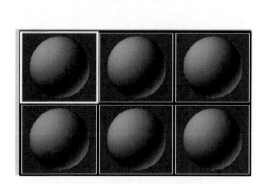

图 5-5

第5章

材质编辑

单击一个示例框可以激活它,被击活的示例窗被一个白框包围着。在选定的示例窗内右击,弹出显示属性快捷菜单。在菜单中选择排放方式,在示例窗内显示 6 个、15 个或 24 个示例框。应用该快捷菜单中的"放大"选项,可以将选定的示例框放置在一个独立浮动的窗口中,如图 5-6 所示。

图 5-6

5.1.2 工具栏

材质编辑器中的工具栏分为垂直工具栏和水平工具栏,下面分别对其进行介绍。

1. 垂直工具栏

垂直工具栏中包含许多设置材质的工具按钮,下面简单介绍各按钮的主要功能。

(1) ⃝:采样类型。可选择样品为球体、圆柱或立方体。

(2) ⃝:背光。单击此按钮可在样品的背后设置一个光源。

(3) ▦:背景。在样品的背后显示方格底纹。

(4) ▤:采样 UV 平铺,可选择 $2×2$、$3×3$、$4×4$。

(5) ▮:视频颜色检查。可检查样品上材质是否超出 NTSC 或 PAL 制式的颜色范围。

(6) ⎇:创建材质预览。主要是观看材质的动画效果。单击该按钮将弹出如图 5-7 所示的对话框。

(7) ⚙:选项按钮,用来设置材质编辑器的各个选项,单击该按钮将弹出如图 5-8 所示的对话框。

图 5-7

图 5-8

（8）：按材质选取。需要将设置好的材质赋予场景中的多个对象时，不必到场景中逐一选择。可将材质赋予第一个对象后，单击该按钮，在弹出的对话框中选择要赋予同一材质的对象的名称，关闭对话框后即可将某一材质一次性赋予多个对象。

（9）：材质/贴图导航器。单击该按钮将弹出如图 5-9 所示的对话框。对话框中显示的是当前材质的贴图层次，在对话框顶部选取不同的按钮可以用不同的方式显示。

图　5-9

2. 水平工具栏

水平工具栏中包含很多工具按钮，下面简单介绍几种常用工具按钮的主要功能。

（1）：获取材质。单击该按钮可以打开"材质/贴图浏览器"窗口，用户可以在其中选择各种不同的材质和贴图。

（2）：将材质赋予选择的对象。把当前激活的材质赋予场景中选择的一个或多个物体。

（3）：重置贴图/材质为默认设置。用于清除激活的材质球，使其恢复到默认状态。

（4）：生成材质副本。把一个材质指定给场景中的物体后，对材质进行编辑，场景中的物体也会同步变化，如果需要对材质进行编辑，但又不希望影响场景中的物体，可单击该按钮在当前位置复制一个相同的材质。此时，材质变为非指定状态，对其进行编辑不会影响场景的物体。

（5）：放入库。把当前激活的材质保存到材质库中。使用这种方法可以将比较满意的材质保存起来，以后直接调用即可，不用重复创建。

（6）：转到父对象。创建的材质可以包含不同的层级。单击该按钮可以切换到当前层级的父层级。

（7）：转到下一个同级项。可以在同一层级的对象之间进行切换。

5.2　参数卷展栏

创建的各种材质基本上都需要在参数卷展栏中对其参数进行设置。即每种材质都包含了大量的参数，而各种材质的参数也不尽相同，3ds Max 共包括 7 个参数卷展栏，如图 5-10 所示。

+	明暗器基本参数
+	Blinn 基本参数
+	扩展参数
+	超级采样
+	贴图
+	动力学属性
+	mental ray 连接

图　5-10

下面主要介绍"明暗器基本参数"卷展栏。

在"明暗器基本参数"卷展栏中有 8 种着色类型：各向异性、Blinn、金属、多层、Oren-Bayar-Blinn、Phong、Strauss 和半透明明暗器，如图 5-11 所示。每一种着色类型确定在渲染一种材质时着色的计算方式。

各向异性材质效果　　　　　　　　　Blinn材质效果

金属材质效果　　　　　　　　　多层材质效果

Oren-Bayar-Blinn材质效果　　　　　　　Phong材质效果

Strauss材质效果　　　　　　　半透明明暗器材质效果

图　5-11

这几种着色类型的选择取决于场景中所构建的角色需求。当要创建玻璃或塑料物体时,可选择 Phong 或 Blinn 着色类型;如果要使物体具有金属质感,则选择金属着色类型。在完成着色类型的选择后,着色基本参数卷展栏下的卷展栏会自动切换为与着色类型相应的卷展栏。在这一卷展栏内可对材质部件颜色、漫反射颜色、反光、不透明度进行设置。

在"明暗器基本参数"卷展栏中,另外有 4 个选项:线框、双面、面状贴图、面状材质。通过对这 4 个选项的设置,可使同一材质实现不同的渲染效果。

对于高度透明的三维对象,如以单线条生成的面片物体,可以看到法线指向观察对象的表面后面的几何体。如果选中"双面"复选框,3ds Max 将渲染那些对象不透明时被挡住的面,包括后部表面的高光。渲染双面材质比渲染正向的面要耗费更多时间。

5.3 设定基本材质

在 3ds Max 中,基本材质赋予对象一种单一的颜色,基本材质和贴图与复合材质是不同的。在虚拟三维空间中,材质是用于模拟表面的反射特性,与真实生活中对象反射光线的特性是不同的。基本材质使用 3 种颜色构成对象表面。这 3 种颜色分别为环境光颜色、漫反射颜色和高光颜色,下面对其进行详细介绍。

环境光颜色:对象阴影处的颜色,它是环境光比直射光强时对象反射的颜色。

漫反射颜色:又称对象的固有色。光照条件较好,如在太阳光和人工光直射情况下,对象反射的颜色。

高光颜色:反光亮点的颜色。高光颜色看起来比较亮,而且高光区的形状和尺寸可以控制。根据不同质地的对象来确定高光区范围的大小以及形状。

使用 3 种颜色及对高光区的控制,可以创建出大部分基本反射材质。这种材质相当简单,但能生成有效的渲染效果。同时基本材质同样可以模拟发光对象,及透明或半透明对象。

这 3 种颜色在边界的地方相互融合。在环境光颜色与漫反射颜色之间,融合根据标准的着色模型进行计算;在高光和环境光颜色之间,可使用材质编辑器来控制融合数量。被赋予同种基本材质的不同造型的对象边界融合程度不同,如图 5-12 所示。

对材质的基本参数的设置主要通过"Blinn 基本参数"卷展栏来完成,如图 5-13 所示。

图　5-12

图　5-13

第 5 章

材质编辑

在创建基本材质时首先根据创建的对象要求在"明暗器基本参数"卷展栏中的 8 种着色类型中选择一种,然后再根据需要进行其他参数的设置。

5.4 经 典 案 例

5.4.1 透空材质

本案例通过制作盆景介绍透空材质的应用技巧,学习透空材质的编辑方法。

Step 1 选择"文件"→"打开"命令,打开"透空.max"素材文件,如图 5-14 所示。

图 5-14

Step 2 按 M 键打开"材质编辑器"窗口,选择一个材质球,然后在"Blinn 基本参数"卷展栏中分别设置"高光级别"和"光泽度"的值为 0,如图 5-15 所示。

图 5-15

提示:应设置"高光级别"和"光泽度"的值为 0,如不这样,在光的照射下,树的透明部分会出现高光颜色,影响效果。

Step 3 单击"贴图"卷展栏中"漫反射颜色"复选框右侧的"None"按钮,在弹出的"材质/贴图浏览器"对话框中双击"位图"选项,在弹出的对话框中选择贴图文件(如图 5-16 所示),然后将材质赋予模型中的树叶,渲染透视图效果如图 5-17 所示。

图　5-16　　　　　　　　　　　　　　　　　图　5-17

Step 4　　单击"贴图"卷展栏中"不透明度"复选框右侧的"None"按钮,在弹出的"材质/贴图浏览器"对话框中双击"位图"选项,在弹出的对话框中选择贴图文件(如图 5-18 所示),渲染透视图效果如图 5-19 所示。

图　5-18

图　5-19

5.4.2　线框材质

本案例通过制作一个装饰瓶来介绍线框材质的制作方法和编辑方法。

Step 1　　选择"文件"→"打开"命令,打开"线框材质.max"素材文件,如图 5-20 所示。

图 5-20

Step 2 单击工具栏中的"材质编辑器"按钮 ，打开"材质编辑器"窗口，选择一个材质球，在"明暗器基本参数"卷展栏中的下拉列表框中选择"金属"选项，选中"线框""双面"复选框。在"金属基本参数"卷展栏中设置"漫反射"颜色为黄色。将"高光级别"设置为 80，"光泽度"设置为 75，如图 5-21 所示。

图 5-21

Step 3 在"贴图"卷展栏中单击"反射"右边的"None"按钮，弹出"材质/贴图浏览器"对话框，在"光线跟踪"选项上双击，为"反射"贴图通道指定一种"光线跟踪"贴图材质，如图 5-22 所示。

图 5-22

Step 4 将材质赋予模型,渲染摄像机视图效果如图 5-23 所示。

图 5-23

5.4.3 金属材质

本案例通过制作台标来介绍金属材质的制作方法以及如何结合其他命令完善其造型。

Step 1 选择"文件"→"打开"命令,打开"XYTV.max"素材文件,如图 5-24 所示。

Step 2 单击工具栏中的"材质编辑器"按钮 ,打开"材质编辑器"窗口,在"明暗器基本参数"卷展栏中的下拉列表框中选择"金属"选项(如图 5-25 所示);在"金属基本参数"卷展栏中单击"漫反射"右侧的颜色块,在弹出的"颜色选择器:漫反射颜色"对话框中设置

图　5-24

相应参数(如图 5-26 所示),单击"确定"按钮。

图　5-25

图　5-26

Step 3　在"金属基本参数"卷展栏的"反射高光"选项区域中设置"高光级别"为 100,
"光泽度"为 80,如图 5-27 所示。

图　5-27

Step 4　单击"贴图"卷展栏中"反射"复选框右侧的"None"按钮,在弹出的"材质/贴
图浏览器"对话框中双击"位图"选项,在弹出的对话框中选择 Gold08.tag 文件,单击"打开"
按钮(如图 5-28 所示);在"位图参数"卷展栏中单击"查看图像"按钮,在弹出的"指定裁剪/
放置"窗口中选择如图 5-29 所示的图像,选中"应用"复选框。

图 5-28

图 5-29

Step 5 选取视图中的电视台台标,单击"材质编辑器"窗口中的 按钮,将此材质赋予所选择的对象,激活透视图,按 Shift+Q 组合键进行快速渲染,渲染效果如图 5-30 所示。

图 5-30

5.4.4 玻璃材质

本案例通过制作台标来介绍玻璃材质的制作方法,以及如何结合其他命令完善其造型。

Step 1 选择"文件" → "打开"命令,打开"XYTV.max"素材文件,如图 5-31 所示。

图 5-31

Step 2 　单击工具栏中的"材质编辑器"按钮 ，打开"材质编辑器"窗口，选择一个材质球，并将其命名为 Glass。在"Blinn 基本参数"卷展栏中单击"环境光"右侧的颜色块，在弹出的"颜色选择器：环境光颜色"对话框中设置其颜色为灰色，其颜色值设置如图 5-32 所示。同样将"漫反射""高光反射"颜色均设置为白色，在"反射高光"选项区域中设置"高光级别"为 100，"光泽度"为 69，"柔化"为 0.53，"不透明度"为 0，如图 5-33 所示。

图　5-32

图　5-33

Step 3 　在"贴图"卷展栏中单击"折射"复选框右边的"None"按钮，弹出"材质/贴图浏览器"对话框，在"光线跟踪"选项上双击，为"折射"贴图通道指定一种"光线跟踪"贴图材质，效果如图 5-34 所示。

图　5-34

Step 4 　创建环境材质。选择"渲染"→"环境"命令，在弹出的"环境和效果"对话框中单击"无"按钮（如图 5-35 所示），弹出"材质/贴图浏览器"对话框，在"位图"选项上双击，在弹出的"选择位图图像文件"对话框中选择 Cloud. TIF 文件（如图 5-36 所示），单击"打开"
按钮。

图　5-35

图　5-36

材质编辑

Step 5 在弹出的"环境和效果"对话框中，将环境贴图文件拖曳至材质编辑器中的一个材质球上（如图 5-37 所示），在弹出的"实例（副本）贴图"对话框中选中"实例"单选按钮（如图 5-38 所示），单击"确定"按钮。

图　5-37

Step 6 在"坐标"卷展栏的"贴图"选项右侧的下拉列表框中选择"收缩包裹环境"选项，如图 5-39 所示。

Step 7 选取视图中电视台台标，单击 按钮将此材质赋予相应的对象，然后激活透视图，按 Shift＋Q 组合键进行快速渲染，效果如图 5-40 所示。

图　5-38

图　5-39

图　5-40

5.4.5 多维子材质

本案例通过制作标志,介绍多维/子材质的创建方法,以及如何结合其他命令完善其造型。

Step 1 选择"文件"→"打开"命令,打开"CCTV2 标志.max"素材文件,如图 5-41 所示。

图 5-41

Step 2 单击工具栏中的"材质编辑器"按钮 ,打开"材质编辑器"窗口,单击
"Standard"按钮,在弹出的"材质/贴图浏览器"对话框中选择"多维/子对象"选项,如图 5-42
所示。单击"确定"按钮,在弹出的"替换材质"对话框中选中"丢弃旧材质"单选按钮,如
图 5-43 所示。单击"确定"按钮,关闭对话框。

图 5-42

Step 3 在"多维/子对象基本参数"卷展栏中单击"设置数量"按钮,在弹出的"设置材质数量"对话框中设置"材质数量"为 2,如图 5-44 所示。单击"确定"按钮,关闭对话框。

图　5-43　　　　　　　　　　　　　　　　图　5-44

Step 4 单击子材质 1 右侧的按钮,进入第 1 个子材质,在"明暗器基本参数"卷展栏中的下拉列表框中选择"金属"选项,在"金属基本参数"卷展栏中单击"漫反射"右侧的颜色块,在弹出的"颜色选择器:漫反射颜色"对话框中设置其参数,如图 5-45 所示。单击"关闭"按钮关闭对话框。

图　5-45

Step 5 在"金属基本参数"卷展栏中将"高光级别"设置为 72,"光泽度"设置为 71,如图 5-46 所示。选中"自发光"复选框,设置颜色红、绿、蓝的值分别为 96、96、96。

图　5-46

Step 6 单击 按钮返回上一级,在"多维/子对象基本参数"卷展栏中单击材质 2 右侧的按钮,进入第 2 个子材质,在"明暗器基本参数"卷展栏中的下拉列表框中选择"金属"选项,在"金属基本参数"卷展栏中单击"漫反射"右侧的颜色块,在弹出的"颜色选择器:漫反射颜色"对话框中设置其参数,单击"关闭"按钮关闭对话框。在"金属基本参数"卷展栏中将

"高光级别"设置为69,"光泽度"设置为71,如图5-47所示。

图　5-47

Step 7　单击"贴图"卷展栏中"折射"复选框右侧的"None"按钮,在弹出的"材质/贴图浏览器"对话框中双击"位图"选项,在弹出的对话框中选择 Chromic.jpg 文件,如图5-48所示。

Step 8　在"坐标"卷展栏中设置环境贴图为"收缩包裹环境",如图5-49所示。

图　5-48   图　5-49

Step 9　单击 🔊 按钮返回上一级,设置"折射"贴图通道的值为30,以降低折射强度,如图5-50所示。

图　5-50

材质编辑

Step 10　选择 CCTV2 标志,进入"修改"面板,在"修改器列表"下拉列表框中选择"编辑多边形"选项,在"选择"卷展栏中单击 ▣ 按钮(如图 5-51 所示)。进入多边形子物体层级,单击工具栏中的 ▣ 按钮,在左视图中选择标志的前面,按住 Ctrl 键,拖曳鼠标至选择标志后面,如图 5-52 所示。

图　5-51

图　5-52

Step 11 在"多边形属性"卷展栏中设置 ID 为 2，如图 5-53 所示。

图 5-53

Step 12 选择"编辑"→"反选"命令，反选标志中间部分，如图 5-44 所示。设置 ID 为 1，再次单击 ■ 按钮，退出多边形编辑状态。

图 5-54

第 5 章

材质编辑

Step 13　单击"材质编辑器"窗口中的 按钮,将此材质赋予所选择的物体,激活透视图,按 Shift＋Q 组合键进行快速渲染,渲染效果如图 5-55 所示。

图　5-55

Step 14　要有好的质感,只编辑材质还不行,还需要灯光的配合,在顶视图创建 4 盏泛光灯,如图 5-56 所示。

图　5-56

Step 15　激活透视图,按 Shift＋Q 组合键进行快速渲染,渲染效果如图 5-57 所示。

图　5-57

5.4.6 水墨材质

本案例通过用"衰减贴图"制作水墨材质,介绍"衰减贴图"创建方法。

Step 1　选择"文件"→"打开"命令,打开"鱼.max"素材文件,如图5-58所示。

Step 2　按M键打开"材质编辑器"窗口,选择一个材质球,在"Blinn基本参数"卷展栏中分别设置"高光级别""光泽度"的值为50和30,如图5-59所示。

图　5-58

图　5-59

Step 3　单击"贴图"卷展栏中"漫反射颜色"复选框右侧的"None"按钮,弹出"材质/贴图浏览器"对话框,在"衰减"选项上双击,为"漫反射颜色"贴图通道指定一种"衰减"贴图材质,然后在"混合曲线"卷展栏中调整曲线如图5-60所示。

Step 4　展开"贴图"卷展栏,然后按住鼠标左键将"漫反射颜色"通道中的贴图拖曳至"高光颜色"和"不透明度"通道上,如图5-61所示。

图　5-60

图　5-61

Step 5　渲染透视图,将场景图像以PNG格式输出,效果如图5-62所示。

Step 6　启动Photoshop,打开背景图,然后将输出的鱼图像调入背景图中并调整其大小,效果如图5-63所示。

材质编辑

图 5-62

图 5-63

习　　题

1. 编辑如图5-64所示的水墨材质效果。

图　5-64

2. 编辑如图5-65所示的玻璃材质效果。

图　5-65

第6章   灯　光

对于 3D 图形的现状而言,"接近真实照片"是一种常见选择。要达到这种真实效果,仅靠模型的精确、细腻是远远不够的。比较动作冒险影片的照片和人站在街上的普通照片之间的视觉差异,两张照片看起来都具有真实性,但动作片已经经过小心剪辑,形成了一种强化、聚焦的现实。缩短的焦距、光线和摄像机角度产生了比现实更真实的效果,这种真实对于能否产生心跳、手心出汗的效果至关重要。对于一帧静态的图片或连续的动画来说,要体现它的真实感与艺术性就必须通过精心的灯光效果处理与相机角度选择。可以说,灯光与相机决定了作品的品位,其效果如图 6-1 所示。

图　6-1

6.1 　3ds Max 场景照明概述

要深入了解 3ds Max 的照明技术,就必须先了解 3ds Max 中灯光的工作原理。在 3ds Max 中,为了提高渲染速度,灯光是不带有辐射性质的。因为带有光能传递的灯光计算速度很慢,没感受过的朋友想一想光线追踪材质的运算速度就会明白。也就是说,3ds Max 中的灯光工作原理与自然界的灯光是有所不同的。如果要模拟自然界的光反射(如水面反光效果)、漫反射、辐射、光能传递、透光效果等特殊属性,就必须运用多种手段(不仅仅运用灯光手段,还可能是材质如光线追踪材质等)进行模拟。KINITEX 公司不使用如 LIGHTSCAPE 软件模拟类似自然的照明系统,原因并不在于 KINITEX 公司没有掌握这门技术,而是 3ds Max 的主要任务是面向动画制作的。大家都知道,LIGHTSCAPE 中的灯光运算速度很慢，往往渲染一张图片需要很长时间（因为这个软件定位于照片级静态图渲染制作）。在动画制作中，一秒钟的动画就需要渲染 20 多张图片（NTSC 式的为 30 帧/秒，PAL 式的为 25 帧/秒，电影为 24 帧/秒，如果要保持流畅的动感则至少需要 15 帧/秒），一分钟就要渲染 1000 多张图片。好在 3ds Max 有很多第三方开发的外挂插件，在灯光方面比较优秀的插件有 RADIOSITY、MENTAL RAY（大型"灯光效果＋特殊明暗器＋高质量渲染"插件）等可供用户选择，只是运算速度上有点差强人意。当然，如果只渲染一张静态图片而不是制作动画（如建筑效果图等），为了取得更好的效果与更方便的照明设置，等待一个小时也是可以的。3ds Max 中灯光的最大优势在于运算速度，照明质量其实是不错的。只要设置得当，同样可以产生真实、令人信服的照明效果，如图 6-2 所示。

图　6-2

在 3ds Max 中，并不是所有的发光效果都是由灯光完成的。对于光源来说也可能是经由材质、视频后处理特效甚至是大气环境来模拟。萤火虫尾部的发光效果，用自发光材质来模拟可能是最为恰当的，导弹发射时尾部的火焰效果用大气环境中的燃烧装置来做效果也是不错的，而要模拟夜晚的霓虹灯特效，利用视频后处理中的发光（GLOW）特技来做则是个好主意。不过，灯光作为在 3ds Max 三维场景中穿梭的使者，是 3ds Max 表现照明效果的最为重要的手段。灯光作为 3ds Max 中一种特殊的对象，模拟的往往不是自然光源或人造光源本身，而是它们的光照效果。在渲染时，3ds Max 中的灯光作为一种特殊的物体本身是不可见的，可见的是光照效果。如果场景内没有一盏灯光（包括隐含的灯光），那么所有的物体都是不可见的。不过 3ds Max 场景中存在着两盏默认的灯光，虽然一般情况下在场景中是不可见的，但是仍然担负着照亮场景的作用。一旦场景中建立了新的光源，默认的灯光将自动关闭。如果这时候场景中的灯光位置、亮度等不太理想，还不如默认灯光的效果。如果场景内所有灯光都被删除，默认的灯光会被自动打开。默认灯光有一盏位于场景的左上方，另外一盏则位于场景的右下方，如图 6-3 所示。

在 3ds Max 中有标准、光学度 2 种基本类型的灯光。另外，在"创建"面板中的系统下，还有日光照明系统，其实是平行光的变种，一般在做室外建筑效果图时模拟日光。还有一种"环境光"（在"渲染/环境设置"对话框中可以设置）。环境光没有方向也没有光源，一般用来模拟光线的漫反射现象。环境光亮度不宜过大，否则会冲淡场景，造成对比度上不去而使场景黯然失色。有经验的人一般先把环境灯光亮度值设为 0，在设置其他灯光之后再做精细

图　　6-3

调整，往往能取得较好的照明效果。

　　3ds Max 中的灯光默认情况下并不进行投影，但是可以根据需要设定成投影或不投影。阴影的质量、强度甚至颜色都是可调整的。如果要正确表示透明或半透明物体的阴影，请使用光线追踪阴影方式。在不投影的情况下，3ds Max 中的灯光是具有穿透性的，楼房 5 层的灯光尽管有楼板阻隔去也可以照亮一层的地板。非常有趣的是，如果把灯光的"倍增器"的值设置成负数，可以产生吸光或负光的效果，还可以产生某种颜色的补色效果（对于白色来说则是黑色）。在室内建筑效果图内通常来模拟光线分布不均匀的现象，或人为地把亮度大的物体表面"照黑"。如果动态变化灯光的亮度与倍增器的值，甚至还可以模拟闪电瞬间照明效果。3ds Max 中灯光还有一个重要的特性是能够通过"排除"功能来指定灯光对哪些物体或不对哪些物体施加影响（照明与投影两个方面），从而优化渲染速度或创造特殊效果，学习者千万不可忽视。

　　3ds Max 中灯光有两个原则。灯光与物体距离越远，照亮的范围就越大，反之亦然。而对于一个物体来说，某一灯光与它表面所呈夹角（其实是入射角）越小，它的表面显得越暗；夹角越大则表面越亮。这跟太阳光与地面的关系很近似。如果一个灯光与一个平面（如地面）距离很远且与这个平面呈直角照射时，则照明效果是很均匀的。而如果同样的光放得太近，则由于接触表面的光线角度会有很大的变化，则会产生一个"光池"（聚光区）。如果要使一盏灯光照亮尽量多的物体，请把物体与灯光的距离拉大。而要使灯光把物体表面照得亮堂堂的，则还应该把灯光与物体表面的夹角调整得大些。有好多朋友在创建灯光的时候遇到了麻烦。不建立自己的灯光照明效果觉得还好，一旦建立了自己的灯光，发现场景中的物体全部暗淡下来。这是灯光与物体的距离、夹角没有设置好的原因。好多朋友不知道其中的奥妙，看到一盏灯还不够亮，再建一盏。结果一个简单的场景建立了 10 多盏灯以后场景中的照明更是显得非常奇怪。其实 Max 场景照明的理论与现实中摄影照明的理论非常相似。对于较小的区域来说，可以采用所谓的"三点照明"（主光＋背光＋辅光）的方式来解决照明问题。对于大的场面，如礼堂内部效果图，则可以把大的场景拆分成一个个较小的区域，再利用"三点照明"的方法来解决照明问题。当然，针对不同情况进行灵活机动地处理有时能产生戏剧性的效果。另外要记住，尽量不要试图在透明图或摄像机中来创建灯光或移动灯光。

　　在 3ds Max 中，灯光都具有衰减的属性，不过默认的情况下灯光是没有衰减的。为了更好地模拟现实(现实世界中的光线都是具有衰减性质的,即距离越远,亮度越小,直到最终消失),通常需要手工打开灯光的衰减性质。一方面可以指定灯光的影响范围,另一方面创造出的灯光效果非常具有现实感。对于泛光灯,衰减影响的只是照明的距离;而对于聚光灯或平行光来说,不仅可以指定灯光能照多远,还可以指定光圈边缘的衰减效果。

默认的灯光是不带有任何颜色的。通过改变灯光的颜色,可以模拟出各种照明效果。例如要模拟彩灯或模拟日出时的阳光,则要调整灯光的颜色。另外,灯光配合环境特效可以产生特殊的效果。例如配合环境中的体积光可以模拟舞台追光灯的效果,而泛光灯配合特效中的发光效果可以模拟普照大地的太阳。配合环境雾效甚至还可以做出灯光穿过大雾的投影特效。

6.2　灯光的分类

在三维场景中灯光的作用不仅仅是将物体照亮,而是要通过灯光效果向观众传达更多的信息。也就是通过灯光来决定这一场景的基调或感觉,烘托场景气氛。要达到场景最终的真实效果,需要建立许多不同的灯光来实现,因为在现实世界中光源是多方面的,如阳光、烛光、荧光灯等,在这些不同光源的影响下所观察到的事物效果也会不同。

图　6-4

3ds Max 中灯光分 8 种:目标聚光灯、目标平行光、自由聚光灯、自由平行光、泛光灯、天光、mr 区域泛光灯和 mr 区域聚光灯。这 8 种灯光可在创建命令面板中的灯光项目栏中创建,如图 6-4所示。

6.3　灯光的颜色

当白色光通过三棱镜时被折射成七色光,七色光是白光光谱中可见光部分,分别为红、橙、黄、绿、蓝、靛、紫,简写为 ROYGBIV,这些颜色中,红、绿、蓝是原色,故光的颜色模型为 RGB 模型。

计算机屏幕产生颜色的机理也可认为是 RGB 模型,在大多数绘图程序中(包括 3ds Studio Max)都提供了 RGB 颜色选择模式。应当注意的是:光的颜色具有相加性,而颜料颜色具有相减性。所谓相加性是指混合的颜色越多,颜色越淡,而相减性则相反。

在 3ds Max 的世界里所见到的场景取决于照明的方式,呈现出的场景完全由发光对象的颜色和位置决定。事实上要创建一种氛围,很少只使用白色照明的。若使用颜色成分少的人造灯光会使场景毫无生气。在剧场里一般使用纯红、绿、蓝、黄、绛红及蓝绿等颜色的多种组合,使某些区域以及许多光柱看起来色彩绚丽斑斓。高饱和度的灯光用起来要十分小心,因为用它来照明常会歪曲事实,例如在煤油灯黄光照明下就分不清土黄和柠檬黄。图 6-5 所示的是将场景的灯由白色调整到蓝色效果图的对比图。

图 6-5

6.4 灯光排除功能

3ds Max 中的灯光都是用来模拟真实世界中灯光的模式,例如,目标聚光是手电筒或探照灯模型,泛光灯模拟烛光或太空中的太阳光;自由平行光模拟自然界直射或平行太阳光。

这些灯都能打开或关闭,改变它们的大小、形状和位置,改变颜色,打开或关闭影子,设置影子边缘的柔度,设置哪些物体被所有的光照明,甚至在某些范围里使用特别暗的光"吸取"多余的光。

排除功能是 3ds Max 灯光的第一个特性。它可设定场景中哪些物体受此灯光的影响,哪些不受影响。在一个复杂场景中,有些人为追求效果架设几十盏灯,势必造成某些物体受光过度甚至丢失阴影。将它们排除在一些灯光影响之外可以保持原效果。如图 6-6 所示排除灯光对地面照射。

图 6-6

倍增器类似于灯的调光器。值小于 1 时减小光的亮度,值大于 1 时增加光的亮度。当值为负时,光实际从场景中减去亮度。"负光"通常用来模拟局部暗的效果,一般仅放在内部的角落,使其变暗,以在场景中产生用一般的光很难获得的效果。

6.5 灯光的打法及影响

在 3ds Max 中,默认的照明是 $-X,-Y,+Z$ 与 $+X,+Y,-Z$ 处的两盏灯,一旦在场景中建立了灯光,这两盏灯自动关闭。摄影上有几种照明类型,可以为 Max 所用。

三角形照明是最基本的照明方式,它使用 3 个光源:主光、背光和辅光。主光最亮,用来照亮大部分场景,常投射阴影;背光用于将对象从背景中分离出来,并展现场景的深度,常位于对象的后上方,且强度等于或小于主光;辅光常在摄影机的左侧,用来照亮主光没有照到的黑暗区域,控制场景中最亮的区域与最暗区域的对比度。亮的辅光产生平均的照明效果,而暗的辅光增加对比度。

一个大的场景不能使用三角形照明时,可采用区段照明法照明各个小的区段,区段选择后就可使用基本的三角形照明法。

对于具有强烈反射的金属感材质,有时需要用包围法将灯光打在周围以展现它的质感,这是比较少用的方法。

光的性质对场景产生强烈影响。刺目的直射光来自点状光源,形成强烈反差,并且根据它照射的方向可以增加或降低质地感和深度感。柔和的光产生模糊昏暗的光源,它有助于减少反差。光的方向也影响场景中形的组成。柔和的光没有特定的方向,似乎轻柔地来自各个方向,刺目的直射光有 3 个基本方向:正面光、侧光和逆光。

正面光能产生非常引人注目的效果,当它形成强烈的反差时更是如此。然而这种光会丢失阴影,使场景缺乏透视感。

侧光能产生横贯画面的阴影,容易显示物体的质感。

逆光常常产生强烈的明显的反差,清晰地显示物体的轮廓。

昏暗、偏冷、低反差的灯光适用于悲哀、低沉或神秘莫测的效果。换成高反差的灯光可用于酒吧、赌场这样的场面,在这里可以强调主要对象或角色,而将其他的对象或角色虚化。

明艳、暖色调、阴影清晰的灯光效果适用于表现兴奋的场面,而换成偏冷色调则有一种恬静的气氛,如图 6-7 所示。

图　6-7

6.6　3ds Max 布光原则

灯光的设置过程简称布光。虽然说一个复杂的场景由 100 名灯光师分别来布光会有100 种不同的方案与效果,但是布光的几个原则是大家都会遵守的。对于室内效果图与室内摄影,著名而经典的布光理论是"三点照明"。

三点照明,又称区域照明,一般用于较小范围的场景照明。如果场景很大,可以把它拆分成若干个较小的区域进行布光。一般有 3 盏灯即可,分别为主体光、辅助光与背景光。

主体光:通常用它来照亮场景中的主要对象与其周围区域,并且担任给主体对象投影的功能。主要的明暗关系由主体光决定,包括投影的方向。主体光的任务根据需要也可以用几盏灯光来共同完成。如主光灯在 $15°\sim30°$ 的位置上,称为顺光;在 $45°\sim90°$ 的位置上,称为侧光;在 $90°\sim120°$ 的位置上,称为侧逆光。主体光常用聚光灯来完成。

辅助光：又称补光。用一个聚光灯照射扇形反射面，以形成一种均匀的、非直射性的柔和光源，用它来填充阴影区域以及被主体光遗漏的场景区域、调和明暗区域之间的反差，同时能形成景深与层次，而且这种广泛均匀布光的特性使它为场景打一层底色，定义了场景的基调。由于要达到柔和照明的效果，通常辅助光的亮度只有主体光的 50%～80%。

背景光：它的作用是增加背景的亮度，从而衬托主体，并使主体对象与背景相分离。一般使用泛光灯，亮度宜暗不可太亮。

布光的顺序是：先定主体光的位置与强度；决定辅助光的强度与角度；分配背景光与装饰光。这样产生的布光效果应该能主次分明，互相补充，如图 6-8 所示。

图　6-8

6.7　3ds Max 布光应注意的问题

（1）灯光宜精不宜多。过多的灯光使工作过程变得杂乱无章，难以处理，显示与渲染速度也会受到严重影响。只有必要的灯光才能保留。另外，要注意灯光投影与阴影贴图及材质贴图的用处，能用贴图替代灯光的地方最好用贴图去做。例如要表现晚上从室外观看到的窗户内灯火通明的效果，用自发光贴图去做会方便得多，效果也很好，而不要用灯光去模拟。切忌随手布光，否则成功率将非常低。对于可有可无的灯光，要坚决不予保留，如图 6-9 所示。

图　6-9

（2）灯光要体现场景的明暗分布，要有层次性，切不可把所有灯光一概处理。根据需要选用不同种类的灯光，如选用聚光灯还是泛光灯；根据需要决定灯光是否投影，以及阴影的浓度；根据需要决定灯光的亮度与对比度。如果要达到更真实的效果，一定要在灯光衰减方面下一番功夫。可以利用暂时关闭某些灯光的方法排除干扰对其他的灯光进行更好的设置。

（3）要知道 Max 中的灯光是可以超现实的。要学会利用灯光的"排除"与"包括"功能决定灯光对某个物体是否起到照明或投影作用。例如要模拟烛光的照明与投影效果，通常在蜡烛灯芯位置放置一盏泛光灯。如果这盏灯不对蜡烛主体进行投影排除，那么蜡烛主体产生在桌面上的很大一片阴影可能会让人头痛不已。在建筑效果图中，也往往会通过"排除"的方法使灯光不对某些物体产生照明或投影效果。

（4）布光时应该遵循由主体到局部、由简到繁的过程。对于灯光效果的形成，应该先调角度定下主格调，再调节灯光的衰减等特性来增强现实感。最后再调整灯光的颜色做细致修改。如果要模拟自然光的效果，还必须对自然光源有足够深刻的理解。多看些摄影用光的书，多做试验会很有帮助。不同场合下的布光用灯也是不一样的。在室内效果图的制作中，为了表现出一种金碧辉煌的效果，往往会把一些主灯光的颜色设置为淡淡的橘黄色，可以达到材质不容易做到的效果，如图 6-10 所示。

图　6-10

6.8　经 典 案 例

6.8.1　阴影设置

本案例利用泛光灯对"阴影贴图""光线跟踪阴影"和"区域阴影"等主要阴影类型进行设置。

Step 1　选择"文件"→"打开"命令，打开"太阳光照明.max"素材文件，如图 6-11 所示。

图　6-11

Step 2　选择视图中的 Omni01 对象,打开"修改"面板,在"常规参数"卷展栏中选中"阴影"选项区域中的"启用"复选框,使灯光照射的物体能产生阴影,选择"阴影贴图"选项,如图 6-12 所示。

Step 3　在"阴影贴图参数"卷展栏中,将"采样范围"的参数设置为 2.0,如图 6-13 所示。渲染摄像机视图,效果如图 6-14 所示。

图　6-12　　　　　　　　图　6-13　　　　　　　　　　图　6-14

Step 4　在"阴影贴图参数"卷展栏中,将"采样范围"的参数设置为 10.0,渲染摄像机视图,阴影的边缘相对柔和,效果如图 6-15 所示。

Step 5　在"常规参数"卷展栏的下拉列表框中选择"光线跟踪阴影"类型,如图 6-16 所示。渲染摄像机视图,阴影的边缘非常清晰,效果如图 6-17 所示。

图　6-15　　　　　　　　图　6-16　　　　　　　　　图　6-17

Step 6 在"阴影参数"卷展栏中将"密度"参数设置为 0.4，如图 6-18 所示。渲染摄像机视图，阴影变淡，效果如图 6-19 所示。

图 6-18

图 6-19

Step 7 在"常规参数"卷展栏的下拉列表框中选择"区域阴影"类型，如图 6-20 所示。在"阴影参数"卷展栏中将"密度"参数设置为 0.85，在"区域阴影"卷展栏中将"基本选项"设置为"长方形灯光"，将"长度"和"宽度"参数设置为 10.0，如图 6-21 所示。渲染摄像机视图，效果如图 6-22 所示。

图 6-20

图 6-21

Step 8 在"区域阴影"卷展栏中将"基本选项"设置为"长方形灯光"，将"长度"和"宽度"参数设置为 5.0，渲染摄像机视图，效果如图 6-23 所示。

图 6-22

图 6-23

提示："区域阴影"是模拟窗户或天光发射区域投射的阴影，阴影具有弥散效果。

6.8.2 太阳光照

本案例使用日光系统模拟太阳光的照射效果，通过本案例的介绍，学习日光系统的使用方法。

Step 1 选择"文件"→"打开"命令,打开"太阳光照明.max"素材文件,如图 6-24 所示。

图 6-24

Step 2 选择"创建"→"灯光"→"日光系统"命令,弹出"创建日光系统"对话框,提示更改曝光设置,单击"是"按钮确认更改,如图 6-25 所示。

图 6-25

Step 3 在场景模型的正中按下鼠标左键放置指南针,拖动鼠标来确定指南针的大小,创建日光系统,如图 6-26 所示。

Step 4 按 C 键切换到摄像机视图,选择"修改"面板,在"日光参数"卷展栏中单击"位置"选项组中的"设置"按钮切换到"运动"面板,对日光的时间进行设置,如图 6-27 所示。

Step 5 按 F10 键弹出"渲染设置"对话框,选择"间接照明"选项卡,选中"启动最终聚

图　6-26

图　6-27

集"复选框,调整"最终聚集精度预设"滑块至"低",最后单击"最终聚焦"卷展栏中的"标准"按钮渲染视图(如图 6-28 所示),渲染得到早晨阳光照射的效果,如图 6-29 所示。

Step 6　在"运动"卷展栏中设置日光系统的时间为"12 时",渲染视图,得到中午阳光照射的效果,如图 6-30 所示。

Step 7　在"运动"卷展栏中设置日光系统的时间为"18 时",渲染视图,得到傍晚阳光照射的效果,如图 6-31 所示。

图 6-28

图 6-29

图 6-30

图 6-31

6.8.3　天光

本案例通过为一组静物来设置一个天光效果来学习天光的使用，以及参数的设置。

Step 1　选择"文件"→"打开"命令，打开"天光.max"素材文件，如图 6-32 所示。

图 6-32

Step 2 按 Shift＋Q 组合键,快速渲染,效果图没有光泽,不太真实,效果如图 6-33 所示。

Step 3 单击"创建"面板中的"灯光"按钮，在其下方的下拉列表框中选择"标准"选项,在"对象类型"卷展栏中单击"天光"按钮,在顶视图中创建一盏天光,如图 6-34 所示。

提示：在创建天光时,位置及形态对后面的渲染不会造成任何影响,它与其他的灯光不同,使用天光必须配合"光能跟踪"才能有效果。

图 6-33

图 6-34

Step 4 　在"天光参数"卷展栏中设置"倍增"值为 0.8(如图 6-35 所示),然后按 F10 键打开"渲染设置"窗口,选择"选择高级照明"选项卡,在其下方的下拉列表框中选择"光跟踪器"选项,参数使用默认值,如图 6-36 所示。

图 6-35 　　　　　　　　　　　　　　　图 6-36

Step 5 　按 Shift+Q 组合键,快速渲染,效果如图 6-37 所示。

图 6-37

6.8.4　体积光

本案例通过设置游戏场景的光晕效果来介绍体积光的创建方法以及相应的参数设置。

Step 1　选择"文件"→"打开"命令，打开"游戏场景.max"素材文件，如图 6-38 所示。

图　6-38

Step 2　单击"创建"面板中的"灯光"按钮 ，在"对象类型"卷展栏单击"目标平行光"按钮，在左视图中创建一盏目标聚光灯，并调整其位置，如图 6-39 所示。打开"修改"面板，在"常规参数"卷展卷栏中选中"阴影"选项区域中的"启用"复选框，使灯光照射的物体能产生阴影，选择"阴影贴图"选项，如图 6-40 所示。

图　6-39

Step 3　在"平行光参数"卷展栏中设置"聚光区/光束"参数为 7860.0cm，设置"衰减区/区域"参数为 9306.0cm，如图 6-41 所示。

图　6-40

图　6-41

Step 4　按 Shift＋Q 组合键，快速渲染摄像机视图，效果如图 6-42 所示。

图　6-42

Step 5　光线太暗，添加天光。单击"创建"面板中的"灯光"按钮，在其下方的下拉列表框中选择"标准"选项，在"对象类型"卷展栏中单击"天光"按钮，在顶视图中创建一盏天光，如图 6-43 所示。

图　6-43

Step 6　按 F10 键打开"渲染设置"窗口,选择"选择高级照明"选项卡,在其下方的下拉列表框选择"光跟踪器"选项,参数使用默认值,如图 6-44 所示。

图　6-44

Step 7　按 Shift＋Q 组合键,快速渲染摄像机视图,效果如图 6-45 所示。

图　6-45

Step 8　选择 Direct001 创建的"目标平行光",打开"修改"面板,在"大气和效果"卷展栏中单击"添加"按钮,在弹出的"添加大气和效果"对话框中选择"体积光"选项,如图 6-46所示。单击"确定"按钮,添加"体积光"效果。

图　6-46

Step 9　按 Shift＋Q 组合键,快速渲染摄像机视图,效果如图 6-47 所示。

图　6-47

6.8.5　聚光灯光照

本案例通过为模型添加聚光灯照射效果来介绍目标聚光灯和泛光灯的创建方法,以及相应参数的设置和修改。

Step 1　选择"文件"→"打开"命令,打开"聚光灯.max"素材文件,如图 6-48 所示。

Step 2　单击"创建"面板中的"灯光"按钮 ,在其下方的下拉列表框中选择"标准"选项,在"对象类型"卷展栏中单击"天光"按钮,在顶视图中创建一盏天光,如图 6-49 所示。

Step 3　在"天光参数"卷展栏中设置"倍增"值为 0.6,如图 6-50 所示。然后按 F10 键打开"渲染设置"窗口,选择"选择高级照明"选项卡,在其下方的下拉列表框选择"光跟踪器"选项,参数使用默认值,如图 6-51 所示。

图 6-48

图 6-49

图 6-50

图　6-51

Step 4　渲染摄像机视图效果如图 6-52 所示。

图　6-52

Step 5　观察渲染视图,发现文字的转角部分颜色较暗,按 F10 键打开"渲染设置"窗口,选择"选择高级照明"选项卡,在"参数"卷展栏中设置"反弹"值为 3,如图 6-53 所示。渲染摄像机视图效果如图 6-54 所示。

Step 6　选择"渲染"→"环境"命令,在弹出的"环境和效果"对话框中单击"无"按钮,弹出"材质/贴图浏览器"对话框,选择"渐变"选项,如图 6-55 所示,单击"确定"按钮。

第

6

章

灯光

图 6-53

图 6-54

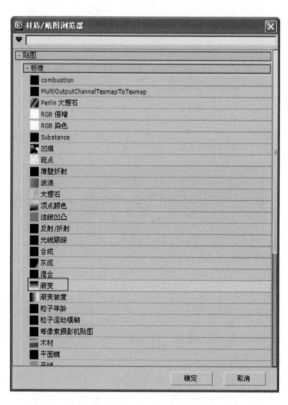

图 6-55

Step 7 将"环境贴图"按钮拖曳到"材质编辑器"窗口中的一个新材质球上,在弹出的"实例(副本)贴图"对话框中选中"实例"单选按钮,如图 6-56 所示,单击"确定"按钮关闭对话框。

图　6-56

Step 8 在"渐变参数"卷展栏中设置"颜色♯1"颜色为淡蓝色,"颜色♯2"颜色为浅灰色,"颜色♯3"颜色为白色,如图 6-57 所示。渲染摄像机视图效果如图 6-58 所示。

图　6-57　　　　　　　　　　　　　　　图　6-58

第
6
章

灯光

Step 9 单击"创建"面板中的"灯光"按钮 ，在"对象类型"卷展栏中单击"目标平行光"按钮，在前视图中创建一盏目标聚光灯，并调整其位置，如图 6-59 所示。打开"修改"面板，在"常规参数"卷展栏中选中"阴影"选项区域中的"启用"复选框，使灯光照射的物体能产生阴影，选择"光线跟踪"选项，如图 6-60 所示。

图 6-59

Step 10 在"强度/颜色/衰减"卷展栏中设置"倍增"值为 0.7，如图 6-61 所示。在"平行光参数"卷展栏中设置"聚光区/光束"参数为 10288.0，设置"衰减区/区域"参数为 10290.0，如图 6-62 所示。

图 6-60   图 6-61   图 6-62

Step 11 在工具栏中单击 按钮渲染摄像机视图，得到最终效果如图 6-63 所示。

6.8.6 全局光

本案例介绍渲染中的全局照明设置，从而模拟真实世界中灯光的漫反射照明效果。

图　6-63

Step 1　选择"文件"→"打开"命令,打开"全局照明.max"素材文件,如图6-64所示。

图　6-64

Step 2　按Shift＋Q组合键,快速渲染摄像机视图,效果如图6-65所示。

图　6-65

Step 3　按F10键打开"渲染设置"窗口,选择"间接照明"选项卡,在"焦散和全局照明(GI)"卷展栏中的"全局照明(GI)"选项区域中选中"启动"复选项,设置相关参数,如图6-66所示。

图 6-66

Step 4 按 Shift＋Q 组合键,快速渲染摄像机视图,场景中出现了大量的光斑,以表示光子传递的效果,如图 6-67 所示。

图 6-67

提示：要想减少大量的光斑和黑斑有两种方法：一种方法是增加全局光子数量，这种方法会增加光子贴图的计算时间；另一种方法是增加光子的半径，这种方法不会增加光子的贴图的计算时间，但是会丢失细节。

Step 5 在"渲染设置"窗口的"最终聚集"卷展栏中选中"启动最终聚集"复选框，设置"漫反射反弹次数"为2，如图6-68所示。在"焦聚和全局照明(GI)"卷展栏的"灯光属性"选项区域中设置"每个灯光的平均全局照明光子"参数为100000，如图6-69所示。

图 6-68   图 6-69

Step 6 按 Shift＋Q 组合键，快速渲染摄像机视图，效果如图6-70所示。

图 6-70

6.8.7 光域网

光域网是一种以三维形态来表现光源发散的分布形式。通过使用不同的光域网文件，能创建出不同亮度分布和不同形状的光源效果。本案例通过使用光域网文件，制作筒灯发光效果。

Step 1 选择"文件"→"打开"命令，打开"光域网.max"素材文件，单击"创建"面板中的"灯光"按钮，在"标准"下拉列表框中选择"光学度"选项，单击"自由灯光"按钮，如图 6-71 所示。在顶视图中创建一盏自由点光源，并用移动工具调整其位置，如图 6-72 所示。

图　6-71　　　　　　　　　　　　　图　6-72

Step 2 打开"修改"面板，在"常规参数"卷展栏中选中"阴影"选项区域中的"启用"复选框，阴影方式选择"阴影贴图"选项(如图 6-73 所示)，在"强度/颜色/衰减"卷展栏中设置"强度"值为 4000.0lm，如图 6-74 所示。

图　6-73　　　　　　　　　　　　　图　6-74

提示：lm(流明)是光通量单位，测量灯光发散的全部光能，100W 普通白炽灯的光通量约为 1750lm。

Step 3 渲染摄像机视图，效果如图 6-75 所示。

Step 4 单击"创建"面板中的"灯光"按钮，在"标准"下拉列表框中选择"光学度"选项，单击"目标灯光"按钮，在前视图中创建一盏目标点光源(如图 6-76 所示)，并用移动工具在顶视图调整其位置，如图 6-77 所示。

图 6-75 图 6-76

Step 5 打开"修改"面板,设置"灯光分布(类型)"为"点光源 Web",如图 6-78 所示。
在"分布(光学度 Web)"中单击"<选择光度学文件>"按钮,在弹出的"打开光域 Web 文件"
对话框中选择多光文件,如图 6-79 所示。在"强度/颜色/衰减"卷展栏中设置"强度"值为
1000.0lm。

图 6-77 图 6-78

图 6-79

Step 6　渲染摄像机视图,效果如图 6-80 所示。

图　6-80

Step 7　在顶视图选择"目标点光源"用"实例"方式复制(如图 6-81 所示),然后渲染摄像机视图,效果如图 6-82 所示。

图　6-81

图　6-82

6.8.8 台灯光照

本案例通过向场景中添加标准灯光模拟台灯的照明效果,介绍目标聚光灯及其使用方法,以及其参数的设置。

Step 1 选择"文件"→"打开"命令,打开"台灯照明.max"素材文件,如图6-83所示。

图 6-83

Step 2 添加主光,单击"创建"面板中的"灯光"按钮 <kbd>⊘</kbd> ,在其下方的下拉列表框中选择"标准"选项,在"对象类型"卷展栏中单击"目标聚光灯"按钮,在左视图中创建一盏目标聚光灯,同时选择灯光和目标点,移动位置到台灯模型中心,如图6-84所示。

图 6-84

提示:要同时选择灯光和目标点,可单击灯光与目标点之间的连接线进行快速选择。

Step 3 打开"修改"面板,在"强度/颜色/衰减"卷展栏中单击"倍增"后面的色块,设置灯光颜色的 RGB 值分别为 253、238 和 214,如图 6-85 所示;在"远距衰减"选项区域中选中"使用"和"显示"复选框,设置"开始"值为 208.0,"结束"值为 2800.0,如图 6-86 所示。

图 6-85

图 6-86

Step 4 在"聚光灯参数"卷展栏中选中"显示光锥"复选框,设置"聚光区/光束"参数为 105.0,设置"衰减区/区域"参数为 157.0,如图 6-87 所示。

Step 5 在工具栏中单击 ⬚ 按钮渲染摄像机视图,效果如图 6-88 所示。

Step 6 单击"创建"面板中的"灯光"按钮 ⬚,在"对象类型"卷展栏中单击"天光"按钮,在顶视图中创建一盏天光,如图 6-89 所示。

图　6-87

图　6-88

图　6-89

第6章

灯光

Step 7 在"天光参数"卷展栏中设置"倍增"参数为 0.4,渲染摄像机视图,得到如图 6-90 所示的效果。

图 6-90

Step 8 按 F10 键打开"渲染设置"窗口,选择"选择高级照明"选项卡,在其下方的下拉列表框中选择"光跟踪器"选项,参数使用默认值,如图 6-91 所示。

图 6-91

Step 9 在工具栏中单击 ⓦ 按钮渲染摄像机视图，得到最终效果如图 6-92 所示。

图 6-92

6.8.9 模拟窗外天光效果

本案例通过制作室内窗外天光效果来介绍线光源的创建方法，以及其参数设置。

Step 1 选择"文件"→"打开"命令，打开"室内布光.max"素材文件，如图 6-93 所示。

图 6-93

Step 2 单击"创建"面板中的"灯光"按钮 🔦，在"对象类型"卷展栏中单击"泛光灯"按钮，在顶视图中创建一盏泛光灯（如图 6-94 所示），然后单击工具栏中"选对并移动"工具按钮 ✥，在前视图中调整其位置，如图 6-95 所示。

Step 3 打开"修改"面板，在"常规参数"卷展栏选中"阴影"选项区域中的"启用"复选框，使灯光照射的物体能产生阴影。在"强度/颜色/衰减"卷展栏中将"倍增"数设置为0.013，其参数设置如图 6-96 所示。

Step 4 设置泛光灯颜色和"阴影贴图参数"卷展栏中的参数（RGB 参数值分别为176,164,225）。灯光颜色为偏蓝色。设置灯光的阴影。灯光的阴影设置非常重要，在"阴影贴图参数"卷展栏中设置其"大小"为256，"采样范围"为12.0（表示把一张小尺寸的图片运用了较大的模糊处理，这样阴影就很淡、很模糊，当很多这样的灯重合在一起时，就会产生柔和的阴影效果，类似面积光源的光能传递），如图 6-97 所示。

图　6-94

图　6-95

图　6-96　　　　　　　　　　　　　　　　图　6-97

Step 5 由于灯光放置在窗外，而且它们又打开了投影设置，为了不让玻璃遮挡这组灯光的照明，需要把窗玻璃的属性设置为不启用投影。选择"玻璃"并右击，弹出"对象属性"对话框，取消选中"投影阴影"复选框，如图 6-98 所示。单击"确定"按钮关闭该对话框。

Step 6 选择"渲染"→"环境"命令，在弹出的"环境与效果"窗口中将背景颜色设置为浅蓝色（RGB 参数值分别为 183,185,229），使之合乎白天的光照效果，如图 6-99 所示。

图　6-98   图　6-99

Step 7 在顶视图中确认"泛光灯 01"处于选择状态，单击工具栏中的 ✛ 按钮，然后按住 Shift 键的同时，将其沿 X 轴向左移动到适当位置后释放鼠标，弹出"克隆选项"对话框，在该对话框中设置其参数，如图 6-100 所示。单击"确定"按钮关闭该对话框。调整它们之间的位置，效果如图 6-101 所示。

图　6-100   图　6-101

Step 8 在工具栏中将"选择过滤器"设置为"L-灯光"选项,如图 6-102 所示。这样用户在选取时只能选取灯光,比较方便。在前视图中选择前面复制的泛光灯,将其沿 Y 轴向下拖曳并复制,效果如图 6-103 所示。

图　6-102

图　6-103

Step 9 对当前场景进行渲染测试,效果如图 6-104 所示,可以看到从窗外进入室内浅蓝色光线照明效果。

图　6-104

6.8.10　创建阳光照明效果

房屋的左侧窗户有阳光射入,通过一盏强烈的目标平行光来表现其照明效果,需要清晰锐利的光线跟踪投影。下面介绍如何创建阳光照明效果。

Step 1　选择"文件"→"打开"命令,打开"阳光照明.max"素材文件,如图 6-105所示。

图　6-105

Step 2 单击"创建"面板中的"灯光"按钮 ，在其下方的下拉列表框中选择"标准"选项，在"对象类型"卷展栏中单击"目标平行光"按钮，在顶视图中创建一盏目标平行光，在左视图调整平行光位置，如图 6-106 所示。

图　6-106

Step 3 单击"常规参数"卷展栏，在展开的卷展栏下选中"阴影"选项区域中的"启动"复选框，使灯光照射的物体能产生阴影效果，并在其下方的下拉列表框中选择"光线跟踪阴影"选项，如图 6-107 所示。

Step 4 单击"强度/颜色/衰减"卷展栏，在展开的卷展栏中设置"倍增"为 0.9，颜色为浅黄色；单击"平行光参数"卷展栏，设置参数如图 6-108 所示。

图　6-107　　　　　　　　　　图　6-108

Step 5　渲染摄像机视图，效果如图 6-109 所示。

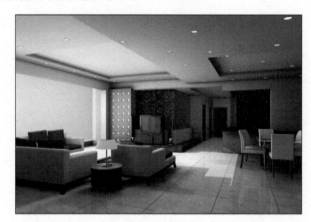

图　6-109

6.8.11　筒灯光效果

本案例通过制作室内筒灯光效果来介绍"光域网"的使用方法，以及其参数设置。

Step 1　接上一案例，单击"创建"面板中的"灯光"按钮 ⚲，在"标准"下拉列表框中选择"光学度"选项，单击"目标灯光"按钮，在前视图中创建一盏目标点光源（如图 6-110 所示），并用"选择并移动"工具在顶视图中调整其位置，如图 6-111 所示。

图　6-110

Step 2　打开"修改"面板，在"常规参数"卷展栏中选中"阴影"选项区域中的"启用"复选框，在"灯光分布"选项区域下方的下拉列表框中选择"光度学 Web"选项，在"阴影贴图参数"卷展栏中设置其参数，如图 6-112 所示。

Step 3　在"分布（光度学 Web）"卷展栏中单击"<选择光度学文件>"按钮，在弹出的"打开光域 Web 文件"对话框中选择"多光.IES"文件，如图 6-113 所示。

Step 4　在"强度/颜色/分布"卷展栏中的"颜色"选项区域中设置"开尔文"值为 3600.0，颜色为浅黄色；在"强度"选项区域中选中 lm 单选按钮，并在其下方的数值框中输入 460.0，如图 6-114 所示。

图 6-111

图 6-112

图 6-113

Step 5 在顶视图中使用"实例"方式复制多渲染摄像机视图,筒灯在墙壁产生光斑,效果如图 6-115 所示。

图 6-114 图 6-115

Step 6 在顶视图中使用"实例"方式复制多盏目标灯光,并分别移动到如图 6-116 所示的位置。

图 6-116

灯光

Step 7 渲染摄像机视图,筒灯在墙壁产生多个光斑,效果如图 6-117 所示。

图　6-117

习　　题

1. 创建如图 6-118 所示的室外灯光效果。

图　6-118

2. 创建如图 6-119 所示的室内灯光效果。

图　6-119

第7章 摄 像 机

3ds Max 中的摄像机拥有超现实摄像机的能力,更换镜头动作可以瞬间完成,无级变焦更是真实摄像机无法比拟的,对于景深的设置,直观地用范围表示,不用通过光圈计算。对于摄像机的动画,除了位置变动外,还可以表现焦距、视角、景深等动画效果。

7.1 创建摄像机

在 3ds Max 中有两种摄像机对象,分别为目标摄像机和自由摄像机。

目标摄像机用于观察目标点附近的场景内容,它包含摄像机和目标点两部分,这两部分可以同时调整也可以单独进行调整。摄像机和摄像机目标点可以分别设置动画,从而产生各种有趣的效果。如图 7-1 所示为目标摄像机始终面向其目标。

自由摄像机用于观察所指方向内的场景内容,它没有目标点,所以只能通过旋转操作来对齐目标对象。该摄像机类型多应用于轨迹动画的制作,例如建筑物中的巡游,车辆移动中的跟踪拍摄效果

图 7-1

等。自由摄像机图标与目标摄像机图标看起来相同,但是不存在要设置单独目标点。当要沿一个路径设置摄像机动画时,使用自由摄像机要更方便一些。如图 7-2 所示,自由摄像机可以不受限制地移动和定向。

单击"创建"面板中的"摄像机"按钮 ,即可进入摄像机的创建面板,如图 7-3 所示。

图 7-2

图 7-3

下面举例说明如何创建摄像机。

Step 1　选择"文件"→"打开"命令，打开"书房.max"素材文件，如图 7-4 所示。

图　7-4

Step 2　单击"创建"面板中的"摄像机"按钮 📷，在"对象类型"卷展栏中单击"目标"
按钮，然后在顶视图创建一架目标摄像机，如图 7-5 所示。

图　7-5

Step 3　选择创建的相机，在视图中调整相机，如图 7-6 所示。

Step 4　激活透视图，按 C 键，切换到摄像机视图，然后按 Shift＋F 组合键，显示摄像
机视图中的安全框，如图 7-7 所示。

图 7-6

图 7-7

提示：安全框用来控制渲染输出视图的纵横比，中间的蓝色框控制视频裁剪的尺度，外面的黄色框用于背景图像与场景的对齐，如果输出静帧图像，超出最外围黄色框的部分将被裁掉。

7.2 摄像机的特性

真实世界中摄像机所使用镜头将场景反射的灯光聚焦到具有灯光敏感性曲面的焦点平面。如图 7-8 所示，A 为焦距，B 为视野。

图 7-8

7.2.1 焦距

镜头与感光表面间的距离称为焦距。不管是电影还是视频电子系统都被称为镜头的焦距。焦距影响对象出现在图片上的清晰度。焦距越短，图片中包含的场景就越多;焦距越长,图片中包含的场景将越少,但却能够更清晰地表现远处场景的细节。焦距总是以毫米(mm)为单位的,通常将 50mm 的镜头定为摄像机的标准镜头,低于50mm 的镜头称为广角镜头,高于 50mm 的镜头称为长焦镜头。

7.2.2 视野

视野(FOV)用来控制可见场景范围的大小,FOV 以水平线度数进行测量,它与镜头的焦距直接相关,例如 50mm 的视角范围为 46°。镜头越长,视角越窄;镜头越短,视角越宽。

7.2.3 视角和透视的关系

短焦距(宽视角)会加剧场景的透视失真,使对象朝向观察者看起来更深、更模糊。长焦距(窄视角)能够降低透视失真。如图 7-9 所示,左上图为长焦距(窄视角);右下图为短焦距(宽视角)。50mm 的镜头最接近人眼所看到的场景,所以产生的图像效果比较正常,该镜头多用于快照、新闻图片、电影制作中。

图　7-9

7.3 景　深

与照相类似,景深是一个非常有用的工具。可以通过调整景深来突出场景中的某些对象,如图 7-10 所示。下面介绍景深的参数。

在摄像机的"修改"面板中有一个"景深参数"卷展栏。这个卷展栏有 4 个选项区域,分别是焦点深度、采样、过程混合和扫描线渲染器参数,如图 7-11 所示。

图　7-10

图　7-11

1. 焦点深度

焦点深度是摄像机到聚焦平面的距离。当"使用目标距离"复选框被激活后,就使用摄像机的"焦点深度"参数。如果"使用目标距离"被关闭,那么可以手工输入距离。两种设置方法都可以被设置动画,设置动画后就可以产生聚焦点改变的动画。

改变聚焦点也被称为 Rack 聚焦,它是使用摄像机的一个技巧。利用这个技巧可以在动画中不断改变聚焦点。

2．采样

这个选项区域的设置决定图像的最后质量。

- 显示过程:如果选中这个复选框,那么将显示"景深"的每遍渲染。这样就能够动态地观察"景深"的渲染情况。如果取消选中这个复选框,那么在进行全部渲染后再显示渲染的图像。
- 使用初始位置:当选中这个复选框后,多遍渲染的第一遍渲染从摄像机的当前位置开始。当取消选中这个复选框后,根据"采样半径"中的设置来设定第一遍渲染的位置。
- 过程总数:这个参数设置多遍渲染的总数。数值越大,渲染遍数越多,渲染时间就越长,最后得到的图像质量就越高。
- 采样半径:这个数值用来设置摄像机从原始半径移动的距离。在每遍渲染时稍微移动一点,摄像机就可以获得景深的效果。此数值越大,摄像机就移动得越多,创建的景深就越明显。但是如果摄像机被移动得太远,那么图像可能变形,而不能使用。
- 采样偏移:使用该参数决定如何在每遍渲染中移动摄像机。该数值越小,摄像机偏离原始点就越少;该数值越大,摄像机偏离原始点就越多。

3．过程混合

当渲染多遍摄像机效果时,渲染器将轻微抖动每遍的渲染结果,以便混合每遍的渲染。

- 规格化权重:当选中这个复选框后,每遍混合都使用规格化的权重。如果没有选中该复选框,那么将使用随机权重。
- 抖动强度:这个数值决定每遍渲染抖动的强度。数值越高,抖动得越厉害。抖动是通过混合不同颜色和像素来模拟颜色或者混合图像的方法。
- 平铺大小:这个参数设置在每遍渲染中抖动图案的大小。

4．扫描线渲染器参数

使用这里的参数可以使用户取消多遍渲染的过滤和反走样。

下面举例说明如何制作"景深"效果。

Step 1 选择"文件"→"打开"命令,打开"景深.max"素材文件,如图 7-12 所示。

图　7-12

Step 2 单击"创建"面板中的"摄像机"按钮 ，在"对象类型"卷展栏中单击"目标"按钮，然后在顶视图创建一架目标摄像机，如图 7-13 所示。

图 7-13

Step 3 在工具栏中单击"选择过滤器"下拉列表框，选择"C-摄像机"选项（如图 7-14 所示），然后右击 按钮启动"选择并移动"工具，选中视图中的摄像机图标，设置其位置坐标为"X：—20.0""Y＝—55.0""Z＝45.0"，如图 7-15 所示。

图 7-14

Step 4 选择视图中的摄像机目标点，设置其位置坐标为"X：—2.0""Y＝—10.0""Z＝36.0"，如图 7-16 所示。

图 7-15

图 7-16

Step 5 按 C 键切换到摄像机视图,按 Shift+F 组合键显示安全框,如图 7-17 所示。

Step 6 选择 Camara01 创建的摄像机,打开"修改"面板,在"参数"卷展栏的"多过程效果"选项区域中选中"启动"复选框,设置"目标距离"参数为 50.0,在"景深参数"卷展栏中设置"采样半径"为 0.7,如图 7-18 所示。

图　7-17　　　　　　　　　　　　　　　　　图　7-18

提示:"目标距离"参数决定摄像机聚焦点的位置,增加"目标距离"的参数值,可产生近处模糊、远处清晰的景深效果。

Step 7 在工具栏中单击 按钮渲染摄像机视图,得到的最终效果如图 7-19 所示。

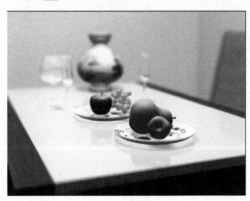

图　7-19

7.4 经典案例

7.4.1 飞行器动画

本案例通过制作飞行器动画,学习"路径约束""链接约束"命令的使用方法。

Step 1 选择"文件"→"打开"命令,打开"飞行器.max"素材文件,如图 7-20 所示。

图 7-20

Step 2 单击"创建"面板中的"图形"按钮 ，在"对象类型"卷展栏中单击"圆"按钮,在顶视图中绘制一个圆形,如图 7-21 所示。

图 7-21

Step 3 选择"文件"→"导入"→"合并"命令,在弹出的"合并文件"对话框中选择 Spaceship.max 文件,如图 7-22 所示。单击"打开"按钮,弹出"合并"对话框,选择 ship 选项，如图 7-23 所示。

图 7-22

图 7-23

Step 4 导入"飞船"对象并移动至如图 7-24 所示的位置。

Step 5 确认飞船处于选择状态，选择"动画"→"约束"→"路径约束"命令，此时将出现一条跟随鼠标轨迹的虚线，在顶视图中单击圆形，飞船就自由移动到圆线上，单击 ⊙ 按钮，打开"运动"面板，在"路径参数"卷展栏中选中"跟随"复选框，在"轴"选项区域中选中 Y 单选按钮，如图 7-25 所示。

图　7-24

图　7-25

Step 6　选择顶视图中的摄像机,选择"动画"→"约束"→"链接约束"命令,此时将出现一条跟随鼠标轨迹的虚线,在顶视图中单击飞船(如图 7-26 所示),摄像机就自由地随飞船一起运动。

图 7-26

Step 7 在动画控制区内单击 ▶ 按钮,在摄像机视图中观看效果。单击主工具栏中的 🖼 按钮,在弹出的"渲染设置"对话框中选中"活动时间段"复选框,在"输出大小"选项区域中单击 640×480 按钮,然后单击"文件"按钮,在弹出的对话框中设置相应的路径和文件名,单击"保存"按钮,输出的效果如图 7-27 所示。

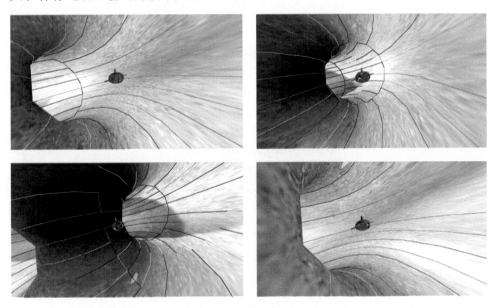

图 7-27

7.4.2 卧室浏览动画

本案例通过为卧室添加自由摄像机制作动画来介绍浏览动画的创建方法。

Step 1 选择"文件"→"打开"命令,打开"卧室浏览动画.max"素材文件,如图 7-28 所示。

图　7-28

Step 2　在视图控制区中单击 🔲 按钮,弹出"时间配置"对话框,将动画总长度(结束时间)设置为 1500,如图 7-29 所示。

图　7-29

提示:设置总长度数值是决定动画播放的长度。数值越大,渲染时间就会越长,动画中的内容和变化就可以越多、越饱满;数值越小,渲染时间越短,内容和变化就会相对变少。

Step 3 单击"创建"面板中的"图形"按钮 ，在"对象类型"卷展栏中单击"线"按钮，在顶视图中绘制一条曲线，如图 7-30 所示。

图　7-30

Step 4 打开"修改"面板，单击 按钮，进入"顶点"子对象层级，选取一个顶点并右击，在弹出的快捷菜单中选择 Bezier 选项（如图 7-31 所示），然后调整顶点，效果如图 7-32 所示。

图　7-31

图　7-32

Step 5 再次单击 按钮，退出"顶点"子对象层级。在前视图中将绘制曲线移动至卧室二分之一的位置，如图 7-33 所示。

Step 6 单击"创建"面板中的"摄像机"按钮 ，在"对象类型"卷展栏中单击"自由"按钮，在前视图中创建一架自由摄像机，如图 7-34 所示。

Step 7 确认摄像机处于选择状态，选择"动画"→"约束"→"路径约束"命令，此时将出现一条跟随鼠标轨迹的虚线，在顶视图中单击曲线，摄像机就自由移动到曲线上，在"路径参数"卷展栏中选中"跟随"复选框，如图 7-35 所示。

图 7-33

图 7-34

图 7-35

Step 8 单击工具栏中的 ⟳ 按钮,在顶视图中将摄像机旋转到与线性方身一致位置,如图 7-36 所示。

图　7-36

Step 9 激活透视图,按 C 键,将透视图切换为摄像机视图,选择摄像机,进入"修改"面板,将摄像机的"镜头"设置为 24.0(如图 7-37 所示),这样看到的空间比较大。

图　7-37

Step 10 在动画控制区内单击 ▶ 按钮,在摄像机视图中观看效果。单击主工具栏中的 🖼 按钮,在弹出的"渲染设置"对话框中选中"活动时间段"复选框,在"输出大小"选项区域中单击 640×480 按钮,然后单击"文件"按钮,在弹出的对话框中设置相应的路径和文件名,单击"保存"按钮,输出的效果如图 7-38 所示。

图 7-38

习　　题

1. 启用摄像机"参数"卷展栏"多过程效果"选项区域中的"景深"类型,分别调整"焦点深度""采样半径"和"过程总数"等相关参数设置,制作如图 7-39 所示的景深效果。

图 7-39

2. 学习创建"目标"摄像机,通过调整"轨迹"更细致地调整相机的观看范围,鸟瞰图浏览动画的部分效果如图 7-40 所示。

图 7-40

图　7-40(续)

第8章 基本动画

动画以人的视觉原理为基础,就像快速查看一系列相关的静态图像,此时会感觉是一个连续的运动一样。每一个单独图像称为帧,如图 8-1 所示。

图　8-1

传统意义上的动画是将对象的运动姿势和周围环境定义成若干张图片,然后快速地播放这些图片,使它产生光滑流畅的动画效果。一分钟的动画大概需要 720～1800 个单独图像,图像越多,动画的质量就越好。传统动画需要用笔来绘制或用摄像机来拍摄,这是一项很艰巨的任务,所以为了解决这个问题,关键帧的概念应运而生,从而计算机动画的出现成为一种趋势。计算机制作的动画相对于传统动画更易于编辑、修改,大大节约了制作动画的时间,并且更有利于媒体的传播。

8.1 关键帧动画

计算机动画是以帧为时间单位进行计算的,可以自定义每秒播放多少帧。单位时间内的帧数越多动画画面就越清晰、流畅;反之,动画画面则会产生抖动和闪烁的现象。一般情况下,动画画面每秒至少要播放 15 帧才可以形成比较流畅的动画效果,传统的电影通常为每秒播放 24 帧。

在 3ds Max 中制作动画时不需要将每一帧都制作出来,而是只需将一个动作开始一帧和结束一帧定义好,此时计算机会自动完成中间的各帧画面,如图 8-2 所示为位于 1 和 2 的对象位置是不同帧上的关键帧模型,计算机自动产生中间帧。由用户自定义的画面称为关键帧,关键帧对于编辑计算机动画非常重要,所有三维动画的编辑和修改都是基于关键帧进行的。

图 8-2

8.1.1 3ds Max 中的关键帧

由于动画中的帧数很多,因此手工定义每一帧的位置和形状是很困难的。3ds Max 极大地简化了这个工作。可以在时间线上的几个关键点定义对象的位置,这样 3ds Max 将自动计算中间帧的位置,从而得到一个流畅的动画。在 3ds Max 中,需要手工定位的帧称为关键帧。

需要注意的是,在动画中位置并不是唯一的动画特征。在 3ds Max 中可以改变的任何参数,包括位置、旋转、比例、参数变化和材质特征等都是可以设置动画的。因此,3ds Max 中的关键帧只是在时间的某个特定位置指定了一个特定数值的标记。

8.1.2 时间配置

3ds Max 是根据时间来定义动画的,最小的时间单位是点,一个点相当于 1/4800s。在用户界面中,默认的时间单位是帧。但是需要注意的是:帧并不是严格的时间单位。同样是 25 帧的图像,对于 NTSC 制式电视而言,时间长度不够 1s;对于 PAL 制式电视而言,时间长度正好 1s;对于电影而言,时间长度大于 1s。由于 3ds Max 记录与时间相关的所有数值,因此在制作完动画后再改变帧速率和输入格式,系统将自动进行调整以适应所做的改变。

默认情况下,3ds Max 显示时间的单位为帧,帧速率为 30 帧/s。可以使用"时间配置"对话框来改变帧速率和时间的显示,如图 8-3 所示。"时间配置"对话框包含以下几个选项区域。

(1)帧速率:在这个选项区域可以确定播放速度,可以在预设置的 NTSC、电影或 PAL 之间进行选择,也可以使用自定义设置。NTSC 的帧速率是 30f/s (帧/秒),PAL 的帧速率是 25f/s,电影的帧速率是

图 8-3

24f/s。

(2) 时间显示：这个选项区域是指定时间的显示方式，有以下几种。

帧：默认的显示方式。

SMPTE：电影电视工程协会（Society of Motion Picture and Television Engineers，SMPTE），显示方式为分、秒和帧。

"帧：TICK"：意即"帧：点"。

"分：秒：TICK"："分：秒：点"。

(3) 播放：这个选项区域控制如何在视口中回放动画，可以使用实时回放，也可以指定帧速率。如果计算机播放速度跟不上指定的帧速度，那么将丢掉某些帧。

(4) 动画：这个选项区域指定激活的时间段。激活的时间段是可以使用时间滑动块直接访问的帧数。可以在这个区域缩放总帧数。例如，如果当前的动画有 300 帧，现在需要将动画变成 500 帧，而且保留原来的关键帧不变，那么就需要缩放时间。

(5) 关键点步幅：这个选项区域的参数控制如何在关键帧之间移动时间滑动块。

8.2　创建关键帧

要在 3ds Max 中创建关键帧，就必须在打开动画按钮的情况下在非第 0 帧改变某些对象。一旦进行了某些改变，原始数值被记录在第 0 帧，新的数值或者关键帧数值被记录在当前帧。这时第 0 帧和当前帧都是关键帧。这些改变可以是变换的改变，也可以是参数的改变。例如，如果创建了一个球，然后打开动画按钮，到非第 0 帧改变球的半径参数，这样，3ds Max 将创建一个关键帧。只要"自动关键点"按钮处于打开状态，就一直处于记录模式，3ds Max 将记录在非第 0 帧所做的任何改变。创建关键帧之后就可以拖曳时间滑动块来观察动画。

下面举例说明如何使用"关键帧"制作动画。

Step 1　选择"文件"→"打开"命令，打开"万箭穿心.max"素材文件，如图 8-4 所示。

图　8-4

Step 2 在顶视图中确认"飞镖 01"处于选择状态，单击工具栏中的 ✛ 按钮，然后按 Shift 键的同时，将其沿 X 轴向左移动到适当位置后，释放鼠标，打开"克隆选项"对话框，在该对话框中设置其参数，如图 8-5 所示。单击"确定"按钮关闭该对话框。在前视图中调整它们之间的位置，效果如图 8-6 所示。

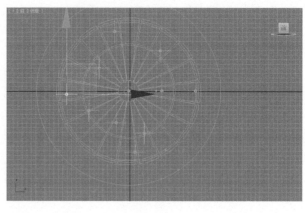

图 8-5   图 8-6

Step 3 在动画控制区中单击"自动关键点"按钮，启动动画记录模式，将时间滑块拖动到第 5 帧，选择所有的飞镖，并用移动工具将其移动到把盘位置，如图 8-7 所示。

图 8-7

Step 4 选择一支飞镖，在动画控制区中将关键帧第 0 帧和第 5 帧拖曳至第 10 帧与第 15 帧位置，如图 8-8 所示，制作单个飞镖飞向把盘效果。

图 8-8

Step 5 用同样的方法移动不同飞镖的关键帧,按 F10 键打开"渲染设置"窗口,设置时间输出"范围"为 0～75,单击"渲染"按钮,开始渲染动画,效果如图 8-9 所示。

图 8-9

8.3 动画控制区的按钮及其功能

在 3ds Max 中,用于制作和播放动画的工具位于软件界面的右下方,在本书中将这一区域定义为动画控制区。如图 8-10 所示即为动画控制区。

图 8-10

动画控制区内的按钮主要对动画的关键点进行编辑,以及播放时间等参数进行控制,是制作三维动画最基本的工具,在本部分将介绍其中各按钮的功能。

⏮:转至开头。单击该按钮可以使时间滑块移动到活动时间的第一帧。

⏭:转至结尾。单击该按钮可以使时间滑块移动到活动时间的最后一帧。

◀:上一帧。单击该按钮此时时间滑块将移动到上一帧。

▶:下一帧。单击该按钮此时时间滑块将移动到下一帧。

▶:播放动画。单击该按钮可在当前选择窗口中播放设置好的动画。该按钮包含了下拉按钮,单击“播放选定对象”按钮后,播放动画时视窗中没有被选择的对象将会被自动隐藏。

❚❚:停止动画。单击该按钮可停止动画的播放。

◀▶:关键点模式切换。单击该按钮后,进入关键点编辑模式,此时“上一帧”和“下一帧”按钮将变成“上一关键点”和“下一关键点”按钮,单击这两个按钮时间滑块会在设置好的关键点之间移动。

7:当前帧(转到帧)。显示当前帧的编号,也可以在该字段中输入帧编号来转到该帧。

“自动关键点”:切换自动关键点模式。单击该按钮后,所有运动、旋转和缩放的更改都将设置成关键帧。

在 3ds Max 中,很多动画设置都可以通过动画控制器完成。利用动画控制器可以设置出很多应用关键帧或 IK 值方法很难实现的动画效果。动画控制器可以约束对象的运动状态,例如可以使对象沿特定的路径运动和使对象始终注视另一个对象等特殊效果。

动画控制器主要控制物体的“位置”“旋转”和“缩放”各控制项的数据。“位置”控制项的默认控制器是“位置 XYZ”控制器;“旋转”控制项的默认控制器是 Euler XYZ 控制器;“缩放”控制项的默认控制器是“Bezier 缩放”控制器。

用户可通过两种方法来为对象添加动画控制器:第一种方法是单击工具栏中的“轨迹视图(打开)”按钮,在“轨迹视图”对话框中为对象添加动画控制器。第二种方法是进入“运动”面板,从该面板中为对象添加动画控制器。

8.4 常用的动画控制器

3ds Max 中提供的动画控制器很多,在此不再一一介绍,只介绍几种常用的动画控制器,这些动画控制器都很有代表性。本节将介绍"链接约束"和"路径约束"两种动画控制器。

8.4.1 "链接约束"控制器

"链接约束"控制器可以用来创建对象与目标对象之间彼此链接的动画,它可以使对象继承目标对象的位置、旋转度以及比例。也就是可以是一个子对象在不同的时间可以拥有不同的父对象。下面先介绍添加"链接约束"控制器的方法。

选择一个对象,进入"运动"面板,展开"指定控制器"卷展栏,在显示窗口内选择"变换"选项,然后单击"指定控制器"按钮 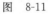,弹出"指定变换控制器"对话框,在该对话框中选择"链接约束"选项,如图 8-11 所示。单击"确定"按钮退出该对话框。

此时在"运动"面板中会出现 Link Params 卷展栏,如图 8-12 所示。

图 8-11

图 8-12

添加链接:单击该按钮,可以为对象添加一个新的目标点,此时在目标卷展栏内将出现目标对象的名称以及成为目标对象的帧数。在动画控制区调整时间滑块的位置,再次单击"添加链接"按钮,在场景中拾取另一个对象,确定第二个目标对象。

链接到世界:单击该按钮,可以将对象链接到世界(整个场景)。在"目标"展示窗口中选择一个选项,然后单击"删除链接"按钮,此时在"目标"展示窗口中选择的目标对象将被解除链接。

关键点模式:选中该选项区域中的"无关键点"单选按钮,约束对象或目标中不会写入关键点。

设置节点关键点:选中该单选按钮后将关键帧写入指定的选项。其下具有两个单选按钮:子对象和父对象。选中"子对象"单选按钮后,仅在约束对象上设置一个关键帧;选中

"父对象"单选按钮后,为约束对象和其所有目标设置关键帧。

设置整个层次关键点:选中该单选按钮后,用指定选项在层次上部设置关键帧。其下也具有两个单选按钮:子对象和父对象。选中"子对象"单选按钮后,仅在约束对象和它的父对象上设置一个关键帧;选中"父对象"单选按钮后,为约束对象、它的目标和它的上部层次设置关键帧。

8.4.2 路径约束

"路径约束"控制器可以使对象沿指定的路径运动,并且可以产生绕路径旋转的效果。可以为一个对象设置多条运动轨迹,通过调节重力的权重值来控制对象的位置。其添加方法为展开"指定控制器"卷展栏,在显示窗口内选择"位置"选项,然后单击"指定控制器"按钮,弹出"指定位置控制器"对话框,在该对话框中选择"路径约束"选项,单击"确定"按钮退出该对话框。这时会出现"路径参数"卷展栏,如图 8-13 所示。

图 8-13

(1) 添加路径:单击该按钮,拾取二维型作为路径,此时该对象将沿着二维型运动。

(2) 删除路径:选择显示窗中所拾取的路径后,单击该按钮,可以删除"目标"显示窗口中的路径。

(3) 权重:该参数栏用于为每个目标指定权重值并为它设置动画。

(4) %沿路径:该参数设置对象沿路径的位置百分比。

(5) 跟随:选中该复选框后,所选对象会随着路径的转折改变自身的运动方向。

(6) 倾斜:选中该复选框后,所选对象会随着路径的走势倾斜。

(7) 倾斜量:用于设置对象从一边到另一边的倾斜程度。

(8) 平滑度:该参数栏用于控制对象在经过路径中的转弯时翻转角度改变的快慢程度。

(9) 允许翻转:选中该复选框后,可避免在对象沿着垂直方向的路径行进时有翻转的情况。

(10) 恒定速度:选中该复选框后,对象将保持匀速运动。

(11) 循环:该复选框在默认情况下,是处于选中状态的,当约束对象到达路径末端时,它不会越过末端点。

(12) 相对:选中该复选框,将保持约束对象的原始位置不会改变。

(13) 轴:该选项组用于定义对象的轴与路径轨迹对齐。选中"翻转"复选框后,可以翻转应用轴的方向。

下面举例说明如何使用"路径约束"控制器制作动画。

Step 1 选择"文件"→"打开"命令,打开"奔驰的汽车.max"素材文件,如图 8-14 所示。

Step 2 选择一个车轮,单击工具栏中的 ⊞ 按钮,打开"轨迹视图"窗口,选择 Rotation 选项,右击,在弹出的快捷菜单中选择"指定控制器"选项,如图 8-15 所示,弹出"指定浮动控制器"对话框,选择 Euler XYZ 选项,如图 8-16 所示。

图　8-14

图　8-15

图　8-16

Step 3　单击"确定"按钮,选择"X轴旋转"选项,在"轨迹视图"窗口中单击 按钮,分别在第0帧、第200帧的位置添加关键帧,如图8-17所示。

图　8-17

Step 4　分别设置第0帧与第200帧的值为0、15 000,如图8-18所示。

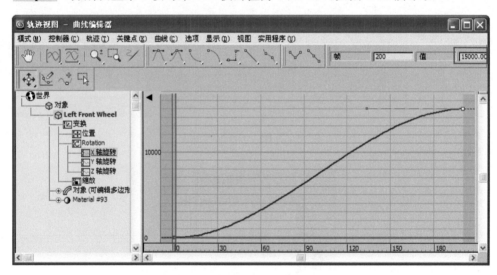

图　8-18

Step 5　用同样的方法分别设置其他3个车轮,让其旋转,然后选中4个车轮,在工具栏中单击"选择并链接"按钮 ,此时将出现一条跟随鼠标轨迹的虚线,在前视图中单击车身(如图8-19所示),将车轮与车身相连。

Step 6　确认车身处于选择状态,选择"动画"→"约束"→"路径约束"命令,此时将出现一条跟随鼠标轨迹的虚线,如图8-20所示。在顶视图中单击曲线,汽车就自由移动到曲线上。

Step 7　在"路径参数"卷展栏中选中"跟随"复选框,将"轴"设置为Y轴"翻转",如图8-21所示。

图 8-19

图 8-20

图 8-21

Step 8 单击"创建"面板中的"摄像机"按钮 📷，在"对象类型"卷展栏中单击"目标"按钮，在顶视图中创建一架目标摄像机，如图 8-22 所示。

Step 9 选择目标摄像机的目标点，在工具栏中单击"选择并链接"按钮 🔗，此时将出现一条跟随鼠标轨迹的虚线，在前视图中单击车身(如图 8-23 所示)，将车轮与车身相连。

图 8-22

图 8-23

Step 10 确认摄像机处于选择状态，选择"动画"→"约束"→"路径约束"命令，此时将出现一条跟随鼠标轨迹的虚线，如图 8-24 所示。在顶视图中单击曲线，摄像机就自由移动到曲线上。

Step 11 激活透视图,按 C 键,将透视图转换为摄像机视图,如图 8-25 所示。

图　8-24　　　　　　　　　　　　　　　　　图　8-25

Step 12 按 F10 键打开渲染面板,设置 0～100 帧的输出的范围,效果如图 8-26 所示。

图　8-26

8.5　轨 迹 视 图

　　轨迹视图使用两种不同的模式:曲线编辑器和摄影表。"曲线编辑器"模式可以将动画显示为功能曲线。"摄影表"模式可以将动画显示为关键点的电子表格。关键点是带有颜色的代码,便于辨认。轨迹视图中的一些功能,例如移动和删除关键点,也可以在时间滑块附近的轨迹栏上实现,还可以展开轨迹栏来显示曲线。可以将"曲线编辑器"和"摄影表"窗口停靠在界面底部的视口之下。如图 8-27 和 8-28 所示分别为轨迹视图的两种模式。

　　"曲线编辑器"模式使用功能曲线方式来表示运动。该模式可以直观地表现运动的插值以及软件在关键帧之间创建的对象变换,并且使用曲线上关键点的切线控制柄,还可以轻松观看和控制场景中对象的运动和动画效果。

图 8-27

图 8-28

8.6 经典案例

8.6.1 音频浮点动画

本案例通过"音频浮点"命令对灯光的"倍增"值大小进行控制,制作灯光强弱随声音强弱进行变化的效果。

Step 1 选择"文件"→"打开"命令,打开"音频控制.max"素材文件,如图 8-29 所示。

Step 2 单击"创建"面板中的"灯光"按钮 ,在其下方的下拉列表框中选择"标准"选项,在"对象类型"卷展栏中单击"泛光灯"按钮,在顶视图中创建一盏泛光灯,在前视图调整泛光灯的位置,如图 8-30 所示。

图 8-29

图 8-30

Step 3 单击"常规参数"卷展栏,在展开的卷展栏下选中"阴影"选项区域中的"启动"复选框,使灯光照射的物体能产生阴影效果,并在其下方的下拉列表框中选择"阴影贴图"选项,如图 8-31 所示。

Step 4 单击"强度/颜色/衰减"卷展栏,在展开的卷展栏中设置"倍增"为 0.5,颜色为白色,如图 8-32 所示。

图　8-31　　　　　　　　　　　　　图　8-32

Step 5　　渲染摄像机视图,效果如图 8-33 所示。

图　8-33

Step 6　　选择创建的泛光灯,单击工具栏中的 ▣ 按钮,打开"轨迹视图"窗口,展开"对象(泛光灯)"→"倍增"选项,如图 8-34 所示。

图　8-34

Step 7　　在"倍增"选项上右击,在弹出的快捷菜单中选择"指定控制器"选项,打开"指定浮动控制器"窗口,选择"音频浮点"选项,如图 8-35 所示。单击"确定"按钮,打开"音频控制器"窗口,如图 8-36 所示。

Step 8　　打开"音频控制器"窗口,单击"选择声音"按钮,在打开的"选择声音"窗口中选择"文件名"为"雷声",如图 8-37 所示,单击"打开"按钮。

图 8-35

图 8-36

图 8-37

Step 9 打开"音频控制器"窗口,在"控制范围"选项区域中设置"最大值"为 4.0,如图 8-38 所示。

Step 10 按 F10 键打开渲染面板,设置 0～100 帧的输出范围,效果如图 8-39 所示。

图 8-38

图 8-39

8.6.2 波形浮点动画

本案例通过"波动浮点"命令控制"推力值"大小，制作心脏搏动效果。

Step 1 选择"文件"→"打开"命令，打开"心脏.max"素材文件，如图 8-40 所示。

图　8-40

Step 2 选择心脏，打开"修改"面板，在"修改器列表"下拉列表框中选择"推力"选项，如图 8-41 所示。

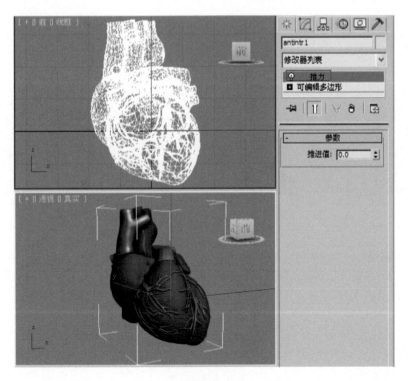

图　8-41

Step 3 单击工具栏中的 按钮,打开"轨迹视图"窗口,选择"推进值"选项,右击,在弹出的快捷菜单中选择"指定控制器"选项,打开"指定浮动控制器"窗口,选择"波开浮点"选项,如图 8-42 所示。

图 8-42

Step 4 单击"确定"按钮,打开"波形控制器"窗口,单击"半正弦"按钮 ∩,设置"周期"为 25.0,"振幅"为 2.0,如图 8-43 所示。

图 8-43

Step 5 选择"渲染"→"环境"命令,在打开的"环境和效果"窗口中单击"无"按钮,如图 8-44 所示,弹出"材质/贴图浏览器"对话框,在"位图"选项上双击,在弹出的"选择位图图像"对话框中选取 heart001 序列文件,如图 8-45 所示。

图　8-44

图　8-45

Step 6　将"环境贴图"按钮拖曳至"材质编辑器"窗口中的一个新材质球上,在弹出的
"实例(副本)贴图"对话框中选中"实例"单选按钮,如图 8-46 所示,单击"确定"按钮关闭对
话框。

图　8-46

Step 7　在"坐标"卷展栏中设置"瓷砖"U向的值为3.0,如图8-47所示。

Step 8　选择"视图"→"视口背景"命令,弹出"视口背景"对话框,选中"使用环境背景"复选框,如图8-48所示,单击"确定"按钮,背景显示效果如图8-49所示。

图　8-47

图　8-48

图 8-49

Step 9 按 F10 键打开渲染面板,设置 0~100 帧的输出范围,效果如图 8-50 所示。

图 8-50

8.6.3 路径变形动画

本案例将"路径约束"与"路径变形"修改器相结合,制作一个钢笔书写动画。

Step 1 选择"文件"→"打开"命令,打开"路径变形.max"素材文件,如图 8-51 所示。

图 8-51

第 8 章

基本动画

Step 2 单击 ![按钮] 按钮,在弹出的"选择对象"对话框中选择 nib 对象,然后选择"动画"→"约束"→"路径约束"命令,此时将出现一条跟随鼠标轨迹的虚线,在顶视图中单击 Line01 对象将其选定为路径,如图 8-52 所示。

图 8-52

Step 3 在视图中 Line01 对象的起点位置创建一个圆柱体,其形态和参数设置如图 8-53 所示。

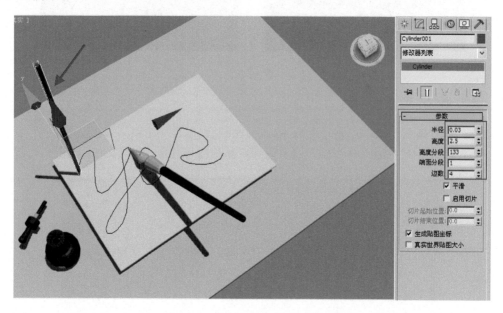

图 8-53

Step 4 选择"修改器"→"动画"→"路径变形 wsm"命令,打开"修改"面板,在"参数"卷展栏中击"拾取路径"按钮,在视图中单击 Line01 对象,然后单击"转到路径"按钮,视图中的圆柱体如图 8-54 所示。

Step 5 在动画控制区中单击"自动关键点"按钮,启动动画记录模式,在第 0 帧时,在"参数"卷展栏中设置"拉伸"值为 0.0,在第 100 帧时,设置"拉伸"值为 3.62,播放动画,观看钢笔沿着路径进行书写的效果,如图 8-55 所示。

图　8-54

图　8-55

提示：为了使路径显示效果与钢笔书写完全同步，每隔 10 帧设置一个关键点，并使用微调按钮 $\updownarrow$ 调整"拉伸"数值，使路径的线与钢笔的笔尖同步。

8.6.4　链接约束动画

本案例通过"添加链接"参数设置，制作叉车运箱子动画效果。

Step 1　选择"文件"→"打开"命令，打开"叉车.max"素材文件，如图 8-56 所示。

Step 2　选择地面的"箱子"，单击"创建"面板中的 ⊙ 按钮，选择"变换：位置/旋转/缩放"选项，然后单击 ⊡ 按钮，在弹出的"指定变换控制器"对话框中选择"链接约束"选项，如图 8-57 所示。

图 8-56

图　8-57

Step 3　单击"确定"按钮,然后在 Link Params 卷展栏单击"添加链接"按钮,单击地面,如图 8-58 所示。

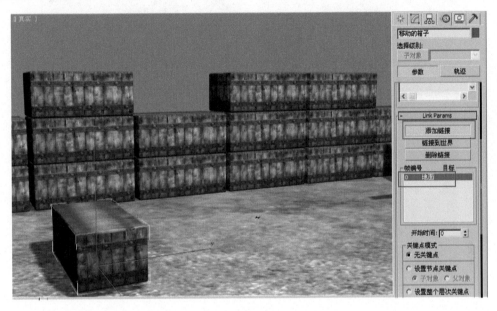

图　8-58

Step 4　将时间滑块拖动至 120 帧位置,再次单击叉车的"叉子"物体,将叉子添加链接,效果如图 8-59 所示。

图　8-59

Step 5　按 F10 键打开渲染面板,设置 0～100 帧的输出范围,效果如图 8-60 所示。

图　8-60

8.6.5　射箭动画

本案例通过添加"辅助对象"，然后将其进行"添加链接"参数设置，制作射箭动画效果。

Step 1　选择"文件"→"打开"命令，打开"射箭.max"素材文件，如图 8-61 所示。

图　8-61

Step 2　在动画控制区中单击"自动关键点"按钮，启动动画记录模式，将时间滑块拖动到第 0 帧，单击工具栏中的 ✥ 按钮，选取"飞镖盘"，并用移动工具将其移动到视图左侧位置，然后将时间滑块拖动到第 60 帧，将其移动到视图右侧位置，制作从左至右动画，如图 8-62 所示。

Step 3　单击"创建"面板中的"辅助对象"按钮 ⬚，在"对象类型"卷展栏中单击"辅助对象"按钮，在左视图中创建一个虚拟对象，如图 8-63 所示。

图　8-62

Step 4　设置虚拟对象位置动画,在动画控制区中单击"自动关键点"按钮,启动动画记录模式,将时间滑块拖动到第 0 帧,单击工具栏中的 ✛ 按钮,选取"虚拟对象",并用移动工具将其移动到弓箭位置,然后将时间滑块拖动到第 30 帧,将其移动到"飞镖盘"位置,制作从弓箭射向"飞镖盘"动画,如图 8-64 所示。

Step 5　选择地面的"箭",单击"创建"面板中的 ◎ 按钮,选择"变换:位置/旋转/缩放"选项,然后单击 ⬚ 按钮,在弹出的"指定变换控制器"对话框中选择"链接约束"选项,如图 8-65 所示。

图　8-63

图　8-64

图　8-65

Step 6 单击"确定"按钮,然后在 Link Params 卷展栏单击"添加链接"按钮,将时间滑块拖动到第 0 帧,单击虚拟对象,如图 8-66 所示。

图　8-66

Step 7 将时间滑块拖动到第 30 帧,再次单击"飞镖盘"物体,将箭添加链接,效果如图 8-67 所示。

图 8-67

Step 8　选取"箭",在左视图中打开"修改"面板,在"修改器列表"下拉列表框中选择"弯曲"选项,在"参数"卷展栏中设置参数,如图 8-68 所示。

图 8-68

Step 9　在动画控制区中单击"自动关键点"按钮,启动动画记录模式,将时间滑块拖动到第 30 帧,在"修改器列表"下拉列表框中选择"弯曲"选项,在"参数"卷展栏中设置"角度"值为 20.0,然后将 Bend 中的"中心"选项移至箭头,如图 8-69 所示。

图 8-69

Step 10 将时间滑块拖动到第 31 帧,在"修改器列表"下拉列表框中选择"弯曲"选项,在"参数"卷展栏中设置"角度"值为-20.0,然后设置 32 关键帧"角度"值为 10.0,33 关键帧"角度"值为-10.0,34 关键帧"角度"值为 5.0,35 关键帧"角度"值为-5.0,36 关键帧"角度"值为 0.0,29 关键帧"角度"值为 0.0,制作箭尾运动动画,如图 8-70 所示。

图 8-70

Step 11 按 F10 键打开渲染面板,设置 0～60 帧的输出范围,效果如图 8-71 所示。

图 8-71

8.6.6 东方时空动画

本案例通过摄像机的创建及材质的设置,介绍"摄像机"的创建方法及"混合"材质编辑方法。

Step 1 选择"文件"→"打开"命令,打开"east.max"素材文件,如图 8-72 所示。

图 8-72

Step 2 单击"创建"面板中的"摄像机"按钮,在"对象类型"卷展栏中单击"目标"按钮,然后在顶视图创建一架目标摄像机,如图 8-73 所示。确认摄像机处于被选择状态,激活透视图,然后选择"视图"→"从视图创建摄像机"命令,如图 8-74 所示。

图 8-73

图 8-74

Step 3 在透视图中按 C 键，切换到摄像机视图，如图 8-75 所示。

图 8-75

Step 4 单击工具栏中的"材质编辑器"按钮，打开"材质编辑器"窗口，选择一个默认的材质球，命名材质为 east。单击"Standard"按钮，在弹出的"材质/贴图浏览器"对话框中选择"混合"选项，如图 8-76 所示。单击"确定"按钮，在弹出的"替换材质"对话框中选中"丢弃旧材质"单选按钮，如图 8-77 所示。单击"确定"按钮，关闭对话框。

图 8-76

图 8-77

Step 5 单击材质 1 右侧的按钮,进入第一个子材质,在"明暗器基本参数"卷展栏中的下拉列表框中选择"(M)金属"选项,在"金属基本参数"卷展栏中单击"漫反射"右侧的颜色块,在弹出的"颜色选择器:漫反射颜色"对话框中设置其参数,如图 8-78 所示。单击"确定"按钮关闭对话框。在"金属基本参数"卷展栏中将"高光级别"设置为 100,"光泽度"设置为 73,如图 8-79 所示。

图 8-78 图 8-79

Step 6 单击"贴图"卷展栏中"反射"复选框右侧的"None"按钮,在弹出的"材质/贴图浏览器"对话框中双击"位图"选项,在弹出的对话框中选择 Sky.jpg 文件,如图 8-80 所示。

图 8-80

Step 7 单击 按钮返回上一级,在"混合基本参数"卷展栏中单击材质 2 右侧的按钮,进入第二个材质,在"明暗器基本参数"卷展栏中的下拉列表框中选择"(M)金属"选项,在"金属基本参数"卷展栏中单击"漫反射"右侧的颜色块,在弹出的"颜色选择器:漫反射颜色"对话框中设置其参数,单击"关闭"按钮关闭对话框。在"金属基本参数"卷展栏中将"高光级别"设置为 77,"光泽度"设置为 76,如图 8-81 所示。

Step 8 单击"贴图"卷展栏中"反射"复选框右侧的"None"按钮,在弹出的"材质/贴图浏览器"对话框中双击"位图"选项,在弹出的对话框中选择 SKYSUN2.JPG 文件,如图 8-82 所示。

图 8-81

图 8-82

Step 9　单击 ![icon] 按钮返回上一级,在"混合基本参数"卷展栏中单击"遮罩"材质右侧的按钮,进入遮罩材质,单击"Standard"按钮,在弹出的"材质/贴图浏览器"对话框中选择"噪波"选项,如图 8-83 所示。单击"确定"按钮,在"噪波参数"卷展栏中设置参数,如图 8-84所示。

Step 10　在"输出"卷展栏中选中"反转"复选框,设置"输出量"的值为 45.0,如图 8-85所示,并将材质赋予标志。

提示:反转使噪波贴图颜色反转,即黑变白,白变黑,输出量为 45.0 的目的是提高两种颜色的对比度,即使它们之间边缘变得锐利。

图 8-83

图 8-84

图 8-85

Step 11 此时场景太暗,需添加泛光灯,单击"创建"面板中的"灯光"按钮 ，在"对象类型"卷展栏中单击"泛光灯"按钮,在顶视图中创建几盏泛光灯,然后单击工具栏中的"选择并移动"按钮,在前视图中调整其位置,如图 8-86 所示。

图　8-86

Step 12　在动画控制区中单击"自动关键点"按钮,启动动画记录模式,进入混合材质的遮罩贴图,在第 0 帧时,在"噪波"卷展栏中设置参数,如图 8-87 所示。

Step 13　在第 100 帧时,在"噪波"卷展栏中设置参数,如图 8-88 所示。

图　8-87

图　8-88

Step 14　再次单击"自动关键点"按钮,取消动画记录,在第 0 帧时设置使"噪波"贴图变成全黑(如图 8-89 所示),第 100 帧时设置使"噪波"贴图变成全白,如图 8-90 所示。

提示:通过"材质编辑器"窗口中的 ⬚ᴛ 按钮可以进行切换,观看当前贴图的效果及材质最终效果。

Step 15　单击主具栏中的 ⬚ 按钮,打开"轨迹视图"窗口,展开"材质编辑器"→east→"遮罩"选项,选中"低阈值"复选框,"低阈值"开始及结束变化得比较缓慢,而中间变化得比较快,如图 8-91 所示。

图   8-89   图   8-90

图   8-91

Step 16　选择曲线的左端点，并单击"轨迹视图"窗口工具栏中的 ╲ 按钮，然后选择曲线右端点，单击"轨迹视图"窗口工具栏中的 ╲ 按钮，曲线变成直线，"低阈值"的速度就变成匀速度，如图 8-92 所示。

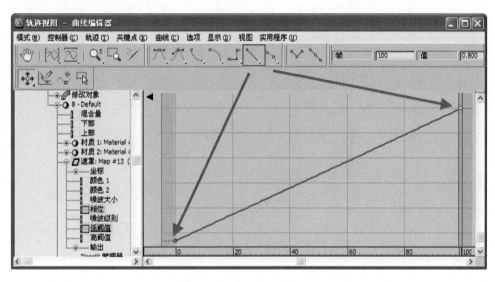

图　8-92

Step 17　设置摄像机动画，单击"自动关键点"按钮，启动动画记录模式，在第 0 帧时，调整摄像机位置，如图 8-93 所示。

图　8-93

Step 18　在第 100 帧时，调整摄像机位置，如图 8-94 所示。

第8章

基本动画

图　8-94

Step 19　选择"渲染"→"环境"命令,在打开的"环境和效果"窗口中单击"无"按钮
(如图 8-95 所示),弹出"材质/贴图浏览器"对话框,在"位图"选项上双击,在弹出的"选择位
图图像文件"对话框中选择 eastbg.jpg 文件,如图 8-96 所示。

图　8-95

图 8-96

Step 20 按 F10 键打开渲染面板,设置 0～100 帧的输出范围,效果如图 8-97 所示。

图 8-97

基本动画

习　　题

1. 运用路径约束控制器制作如图 8-98 所示的动画。

图　8-98

2. 运用"轨迹视图"及"路径约束"控制器制作如图 8-99 所示的拍球动画。

图　8-99

第9章　后期合成与渲染

后期合成是指通过 3ds Max 的一系列工具，为场景加放各种特效，如雾效、体积光、背景贴图等。运用这些特效可以为场景增加层次，烘托神秘的气氛，还可以增强画面的感染力。

渲染是根据所指定的材质、灯光、背景、大气等环境设置，将场景中的几何体以实体化的方式显示出来，形成最终的创作结果。渲染场景需要通过渲染对话框创建渲染或使用 Video Post 视频合成器对象进行后期合成。通过渲染帧窗口显示渲染结果，并将它们保存到文件中。

9.1　大　　气

大气是用于创建照明效果插件组件，包括雾、体积雾、火效果和体积光 4 种大气效果。在菜单栏中选择"渲染"→"环境"命令，弹出"环境和效果"对话框，然后在"大气"面板中单击"添加"按钮，即可弹出"添加大气效果"对话框，如图 9-1 所示。大气效果只在摄影机视图或透视图中会被渲染，在正交视图或用户视图中不会被渲染。

图　9-1

雾:提供雾和烟雾的大气效果,使对象随着与摄影机距离的增加渐褪光,或提供分层雾效果,使所有对象或部分对象笼罩在雾中,其效果如图9-2所示。

体积雾:提供体积雾效果,雾密度在3D空间中不是恒定的,如吹动的动状雾效果,如图9-3所示。

图 9-2   图 9-3

火效果:可以生成动画的火焰、烟雾和爆炸效果。可能的火效果用法包括篝火、火炬、火球、烟云和星云,但必须以大气装置为依托才能产生效果,其效果如图9-4所示。

体积光:根据灯光与大气(雾、烟雾等)的相互作用提供灯光效果。此插件提供泛光灯的径向光晕、聚光灯的锥形光晕和平行光雾光束等效果。如果使用阴影贴图作为阴影生成器,则体积光中的对象可以在聚光灯的锥形中投射阴影,其效果如图9-5所示。

图 9-4   图 9-5

下面举例说明如何创建体积雾效果。

Step 1   选择"文件"→"打开"命令,打开"体积雾.max"素材文件,如图9-6所示。

Step 2   选择"渲染"→"环境"命令,在弹出的"环境和效果"对话框中,在"大气"卷展栏中单击"添加"按钮,在弹出的"添加大气效果"对话框中选择"体积雾"选项,如图9-7所示,然后单击"确定"按钮。

图　9-6

图　9-7

第
9
章

后期合成与渲染

Step 3 按 F9 键,渲染摄像机视图,效果如图 9-8 所示。

图　9-8

Step 4 在"创建"面板中单击 按钮,在其下方的下拉列表框中选择"大气装置"选项,在"对象类型"卷展栏中单击"长方体 Gizmo"按钮,在顶视图中创建大气长方体,并将其调整大气长方体位置,如图 9-9 所示。

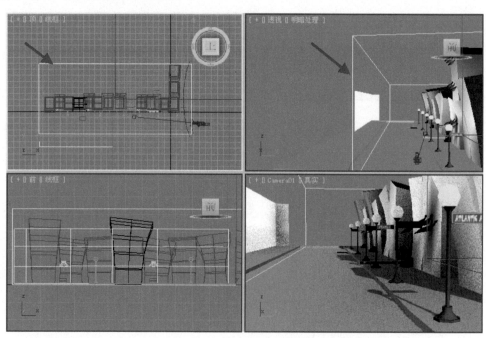

图　9-9

Step 5 选择"渲染"→"环境"命令,在弹出的"环境和效果"对话框中,在"大气"卷展栏中选择"体积雾"选项,然后在"体积雾参数"卷展栏中单击"拾取 Gizmo"按钮拾取前面创建的大气长方体,如图 9-10 所示。

Step 6 按 F9 键,渲染摄像机视图,效果如图 9-11 所示。

图 9-10

图 9-11

9.2 效　　果

使用"效果"功能可以指定渲染效果插件,进行应用图像处理,但不使用 Video Post 视频合成器,将各种效果直接以交互方式调整和查看,操作起来更加灵活并易于控制。选择"渲染"→"效果"命令,弹出"环境和效果"对话框,单击"效果"卷展栏右侧的"添加"按钮,弹出"添加效果"对话框,如图 9-12 所示。

图 9-12

下面对 3ds Max 提供的 9 种渲染效果的作用分别进行简单的介绍。

Hair 和 Fur：更直接地设置渲染头发的方式，通常不需要更改渲染效果参数。在应用"头发和毛发"修改器时，毛发渲染效果会自动添加到场景中。

镜头效果：用于创建真实效果(通常与摄影机关联)的系统。这些效果包括光晕、光环、射线、自动二级光斑、星形和条纹，其效果如图 9-13 所示。

模糊：可以通过 3 种不同的方法使图像变模糊。这 3 种方法是均匀型、方向型和放射型。模糊效果根据"像素选择"卷展栏中所做的选择应用于各种像素。可以使整个图像变得模糊，使非背景场景元素变模糊，按亮度值使图像变模糊，或使用贴图遮罩使图像变模糊。模糊效果通过渲染对象或摄影机移动的幻影，提高动画的真实感。

亮度和对比度：可以调整图像的对比度和亮度，可以用于将渲染场景对象与背景图像或动画进行匹配。

色彩平衡：可以通过独立控制 RGB 通道控制相加/相减颜色。

景深：拟在通过摄像机镜头观看时，前景和背景的场景元素的自然模糊。景深的工作原理是，将场景沿 Z 轴次序分为前景、背景和焦点图像。然后根据在景深效果参数中设置的值使前景图像模糊，最终的图像由经过处理的原始图像合成。

文件输出：可以根据"文件输出"在"渲染效果"堆栈中的位置，在应用部分或所有其他渲染效果之前，获取渲染的"快照"。在渲染动画时，可以将不同的通道(亮度、深度或 Alpha)保存到独立的文件中。也可以使用"文件输出"将 RGB 图像转换为不同的通道，并将该图像通道发回"渲染效果"堆栈，然后再将其他效果应用于该通道。

胶片颗粒：用于在渲染场景中重新创建胶片颗粒的效果。使用胶片颗粒还可以将作为背景使用的源材质中(如 AVI)的胶片颗粒与在软件中创建的渲染场景匹配。应用胶片颗粒时，将自动随机创建移动帧的效果。

运动模糊：使移动的对象或整个场景变模糊，将图像运动模糊应用于渲染场景。运动模糊通过模拟实际摄像机的工作方式，可以增强渲染动画的真实感。摄影机有快门速度，如果场景中的物体或摄影机本身在快门打开时发生了明显移动，胶片上的图像将变模糊，其效果如图 9-14 所示。

图　9-13

图　9-14

9.3　Video Post 视频合成器

Video Post 视频合成器是 3ds Max 中一个独立的组成部分,可提供不同类型事件的合成渲染输出,包括当前场景、位图图像、图像处理功能等。在 Video Post 视频合成器中,可以为图像增加特效处理,如星空、光晕、镜头特效等。

9.3.1　Video Post 队列

Video Post 队列提供要合成的图像、场景和事件的层级列表。

Video Post 对话框中的 Video Post 队列类似于"轨迹视图"和"材质编辑器"中的其他层级列表。在 Video Post 中,列表项为图像、场景、动画或一起构成队列的外部过程。这些队列中的项目被称为事件。

事件在队列中出现的顺序(从上到下)是执行它们时的顺序。因此,要正确合成一个图像,背景位图必须显示在覆盖它的图像之前或之上。

队列中始终至少有一项(标为"队列"的占位符)。它是队列的父事件。

队列可以是线性的,但是某些类型的事件会合并其他事件并成为其父事件,如图 9-15 所示。

图　9-15

9.3.2　Video Post 工具栏

Video Post 工具栏包含的工具用于处理 Video Post 文件(VPX 文件)、管理显示在 Video Post 队列和事件轨迹区域中的单个事件,如图 9-16 所示。

图　9-16

（1）新建序列：通过清除队列中的现有事件,"新建序列"按钮,可创建新 Video Post 序列。

（2）打开序列："打开序列"按钮,可打开存储在磁盘上的 Video Post 序列。

（3）保存序列："保存序列"按钮,可将当前 Video Post 序列保存到磁盘。

（4）编辑当前事件："编辑当前事件"按钮,会显示一个对话框,用于编辑选定事件的属性。该对话框取决于选定事件的类型。编辑对话框中的控件与用于添加事件类型的对话框中的控件相同。

（5）删除当前事件："删除当前事件"按钮,会删除 Video Post 队列中的选定事件。

（6）交换事件："交换事件"按钮,可切换队列中两个选定事件的位置。

（7）执行序列：执行 Video Post 队列作为创建后期制作视频的最后一步。执行与渲染有所不同,因为渲染只用于场景,但是可以使用 Video Post 合成图像和动画,而无须包括当前的 3ds Max 场景。

（8）配置预设：如果使用执行序列的自定义格式,可更改任何预设分辨率按钮的值,方法是右击该按钮。

（9）编辑范围栏："编辑范围栏"按钮,为显示在事件轨迹区域的范围栏提供编辑功能。

（10）将选定项靠左对齐："将选定项靠左对齐"按钮,向左对齐两个或多个选定范围栏。

（11）将选定项靠右对齐："将选定项靠右对齐"按钮,向右对齐两个或多个选定范围栏。

（12）使选定项大小相同："使选定项大小相同"按钮,使所有选定的事件与当前的事件大小相同。

（13）关于选定项："关于选定项"按钮,将选定的事件端对端连接,这样一个事件结束时,下一个事件开始。

（14）添加场景事件："添加场景事件"按钮,将选定摄影机视口中的场景添加至队列。"场景"事件是当前 3ds Max 场景的视图。可选择显示哪个视图,以及如何同步最终视频与场景。正如"图像输入"事件,"场景"事件将图像放置在队列中,但是"场景"事件为当前 3ds Max 场景,而且必须在执行 Video Post 队列时进行渲染。使用下面列出的附加选项,将此场景渲染为如同通过扫描线渲染器渲染的效果。所得的场景图像带有 Alpha 通道。

（15）添加图像输入事件："添加图像输入事件"按钮,将静止或移动的图像添加至场景。"图像输入"事件将图像放置到队列中,但不同于"场景"事件,该图像是一个事先保存过的文件或设备生成的图像。

（16）添加图像过滤器事件："添加图像过滤器事件"按钮,提供图像和场景的图像处理。

（17）添加图像层事件："添加图像层事件"按钮,添加合成插件来分层队列中选定的图像。

（18）添加图像输出事件："添加图像输出事件"按钮,提供用于编辑输出图像事件的控件。

（19）添加外部事件："外部"事件通常是执行图像处理的程序。它还可以是希望在队列中特定点处运行的批处理文件或工具,也可以是从 Windows 剪贴板传输图像或将图像传输到 Windows 剪贴板的方法。

（20）添加循环事件：循环事件导致其他事件随时间在视频输出中重复控制排序,但是不执行图像处理。

视频合成器工具栏在 Video Post 视窗中由不同的功能按钮组成,用于编辑图像和动画的事件。

9.4 经典案例

9.4.1 火特效制作

本案例通过制作火特效动画,介绍"大气装置"命令的使用及其参数的设置。

Step 1 选择"文件"→"打开"命令,打开"火特效.max"素材文件,如图9-17所示。

图 9-17

Step 2 单击"创建"面板中的 按钮,在其下方的下拉列表框中选择"大气装置"选项。单击"球体Gizmo"按钮,在顶视图中创建大气球体,如图9-18所示。

图 9-18

后期合成与渲染

Step 3 进入"修改"面板,在"球体参数"卷展栏中选中"半球"复选框,设置"半径"大小为 27.0,(如图 9-19 所示),并用移动工具将其移动到如图 9-20 所示的位置。

图　9-19　　　　　　　　　　　　　　　　　　　图　9-20

Step 4 在主工具栏中单击 ⊡ 按钮,在前视图中沿 Y 轴方向放缩半球大小,如图 9-21 所示。

图　9-21

Step 5 进入"修改"面板,在"大气和效果"卷展栏中单击"添加"按钮(如图 9-22 所示),在弹出的"添加大气"对话框中选择"火效果"选项,单击"确定"按钮,添加火效果,如图 9-23 所示。

Step 6 渲染摄像机视图,效果如图 9-24 所示。

图 9-22

图 9-23

图 9-24

后期合成与渲染

Step 7 在"大气和效果"卷展栏中,单击"设置"按钮,弹出"环境和效果"对话框,在"火效果参数"卷展栏中设置"火焰大小"为 15.0,密度为 36.0,如图 9-25 所示。渲染摄像机视图,效果如图 9-26 所示。

图 9-25　　　　　　　　　　　　　　　　　图 9-26

Step 8 火焰在墙壁上没有阴影,在视图中选取"目标聚光灯",如图 9-27 所示。进入"修改"面板,在"阴影参数"卷展栏中选中"大气阴影"复选框,并设置"不透明度"和"颜色值"分别为 50.0,如图 9-28 所示。渲染摄像机视图,效果如图 9-29 所示。

图 9-27　　　　　　　　　　　　　　　　　图 9-28

图 9-29

Step 9 设置火焰漂移动画。单击"自动关键点"按钮,启动动画记录模式,在第 0 帧时,分别设置"相位"和"漂移"值为 0.0,如图 9-30 所示。

图 9-30

Step 10 在第 100 帧时,分别设置"相位"为 200.0 和"漂移"值为 300.0,按 F10 键打开渲染面板,设置 0～100 帧的输出范围,效果如图 9-31 所示。

第
9
章

后期合成与渲染

图　9-31

9.4.2　镜头光斑效果制作

本案例通过制作星球光照效果,学习镜头效果光斑的参数设置方法。

Step 1　选择"文件"→"打开"命令,打开"星球.max"素材文件,如图 9-32 所示。

图　9-32

Step 2　在动画时间轴上,拖动时间滑块至 80 帧位置处,将场景中创建的泛光灯显示出来,如图 9-33 所示。

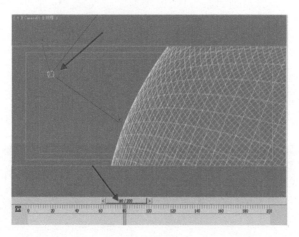

图　9-33

Step 3　按 Shift＋Q 组合键,快速渲染摄像机视图,效果如图 9-34 所示。

图　9-34

Step 4 在视图中选取 Sun,右击,在弹出的快捷菜单中选择"对象属性"选项,在弹出的"对象属性"对话框中设置"对象 ID"为 1,如图 9-35 所示。

图 9-35

Step 5 选择"渲染"→Video Post 命令,在打开的 Video Post 窗口中单击 按钮,弹出"添加场景事件"对话框,在其下拉列表框中选择 Camera01 选项,如图 9-36 所示。

图 9-36

Step 6 单击"确定"按钮,在 Video Post 窗口中,单击 ⊡ 按钮,弹出"添加图像过滤事件"对话框,在"过滤器插件"选项区域下方的下拉列表框中选择"镜头效果光斑"选项,如图 9-37 所示。

图 9-37

Step 7 单击"确定"按钮,在 Video Post 窗口的右侧双击"镜头效果光斑"选项,弹出"编辑过滤事件"对话框,单击"设置"按钮,如图 9-38 所示,打开"镜头效果光斑"窗口。

图 9-38

Step 8 在"镜头效果光斑"窗口分别单击"预览"和"VP 队列"按钮,如图 9-39 所示。

Step 9 在"镜头效果光斑"窗口中单击"节点源"按钮,在弹出的"选择光斑对象"对话框中选择 Sun,如图 9-40 所示。单击"确定"按钮,然后在"镜头效果光斑"窗口中单击"更新"按钮,效果如图 9-41 所示。

228

图　9-39

图　9-40

Step 10　在"镜头效果光斑"窗口中右侧分别选中"光晕""光环""自动二级光斑""射线""星形"和"条形"复选框,如图 9-42 所示。

图 9-41

图 9-42

后期合成与渲染

Step 11 单击"确定"按钮，在 Video Post 窗口中单击 按钮，在弹出的"添加图像输出事件"对话框中单击"文件"按钮，在弹出的"为 Video Post 输出选择图像文件"对话框中设置文件保存类型为 AVI，如图 9-43 所示，依次单击"保存"和"确定"按钮。

图 9-43

Step 12 在视频合成器的空白处单击以取消选择，然后在 Video Post 窗口中单击 按钮，渲染 Camera01 视图效果如图 9-44 所示。

图 9-44

9.4.3 镜头高光效果制作

本案例运用 Video Post 视频合成器为钻戒添加"镜头效果高光"特效,学习"镜头效果高光"的设置方法。

Step 1 选择"文件"→"打开"命令,打开"星空.max"素材文件,如图 9-45 所示。

图　9-45

Step 2 在视图中选取钻石,右击,在弹出的快捷菜单中选择"对象属性"选项,在弹出的"对象属性"对话框中设置"对象 ID"为 1,如图 9-46 所示。

图　9-46

后期合成与渲染

Step 3 选择"渲染"→Video Post 命令,在打开的 Video Post 窗口中单击 按钮,弹出"添加场景事件"对话框,在其下拉列表框中选择"透视"选项,如图 9-47 所示。

图 9-47

Step 4 单击"确定"按钮,在 Video Post 窗口中单击 按钮,弹出"添加图像过滤事件"对话框,在"过滤器插件"选项区域下方的下拉列表框中选择"镜头效果高光"选项,如图 9-48 所示。

图 9-48

Step 5 单击"确定"按钮,在 Video Post 窗口的右侧双击"镜头效果高光"选项,弹出"编辑过滤事件"对话框,单击"设置"按钮(如图 9-49 所示),打开"镜头效果高光"窗口,如图 9-50 所示。

图　9-49

Step 6 在"镜头效果高光"窗口中分别单击"预览"和"VP 队列"按钮,如图 9-51
所示。

图　9-50   图　9-51

Step 7 单击"确定"按钮,在 Video Post 窗口中单击 按钮,弹出"添加图像输出事
件"对话框,单击"文件"按钮,在弹出的"为 Video Post 输出选择图像文件"对话框中设置文
件保存类型为 JPEG(如图 9-52 所示),依次单击"保存"和"确定"按钮。

图　9-52

Step 8 在视频合成器的空白处单击以取消选择,然后在 Video Post 窗口中单击 ![icon] 按钮,渲染 Camera01 视图,效果如图 9-53 所示。

图　9-53

9.4.4　燃烧星球效果制作

本案例学习"火特效"和"镜头效果光晕"的参数设置方法。

Step 1 选择"文件"→"打开"命令,打开"星球.max"素材文件,如图 9-54 所示。

Step 2 在"创建"面板中单击 ![icon] 按钮,在其下方的下拉列表框中选择"大气装置"选项,在"对象类型"卷展栏中单击"球体 Gizmo"按钮,在顶视图中创建大气球体,并将其调整至星球中心位置,如图 9-55 所示。

图   9-54

图   9-55

Step 3   打开"修改"面板,在"大气和效果"卷展栏中单击"添加"按钮,在弹出的"添加大气"对话框中选择"火效果"选项(如图 9-56 所示),单击"确定"按钮,添加火效果。

图 9-56

Step 4 在"大气和效果"卷展栏中单击"设置"按钮,弹出"环境和效果"对话框,在"火效果参数"卷展栏中设置参数,如图 9-57 所示。渲染摄像机视图,效果如图 9-58 所示。

图 9-57

图 9-58

Step 5 设置火焰漂移动画。在动画控制区中单击"自动关键点"按钮,启动动画记录模式,在第 0 帧时分别设置"相位"和"漂移"值为 0.0,在第 100 帧时分别设置"相位"为 100.0,"漂移"值为 220.0,如图 9-59 所示。

Step 6 在视图中选取星球,右击,在弹出的快捷菜单中选择"对象属性"选项,在弹出的"对象属性"对话框中设置"对象 ID"为 1,单击"确定"按钮,如图 9-60 所示。

图 9-59

图 9-60

Step 7 选择"渲染"→Video Post 命令,在打开的 Video Post 窗口中单击 按钮,弹出"添加场景事件"对话框,在其下拉列表框中选择 Camera01 选项,如图 9-61 所示。

图 9-61

Step 8 单击"确定"按钮,在 Video Post 窗口中单击 按钮,弹出"添加图像过滤事件"对话框,在"过滤器插件"选项区域下方的下拉列表框中选择"镜头效果光晕"选项,如图 9-62 所示。

图 9-62

Step 9 单击"确定"按钮,在 Video Post 窗口的右侧双击"镜头效果光晕"选项,弹出"编辑过滤事件"对话框,单击"设置"按钮(如图 9-63 所示),打开"镜头效果光晕"窗口,如图 9-64 所示。

Step 10 在"镜头效果光晕"窗口中分别单击"预览"和"VP队列"按钮,如图 9-65 所示。

图 9-63

图 9-64   图 9-65

Step 11 在"镜头效果光晕"窗口中选择"属性"选项卡,在"过滤"选项区域中选中"边缘"复选框,如图9-66所示。切换到"首选项"选项卡,在"效果"选项区域中设置"大小"为1.0,如图9-67所示,单击"确定"按钮。

Step 12 单击"确定"按钮,在Video Post窗口中单击 按钮,弹出"添加图像输出事件"对话框单击"文件"按钮,在弹出的"为Video Post输出选择图像文件"对话框中设置文件保存类型为AVI(如图9-68所示),依次单击"保存"和"确定"按钮。

后期合成与渲染

图　9-66

图　9-67

图　9-68

Step 13　在视频合成器的空白处单击以取消选择,然后在 Video Post 窗口中单击 ✗ 按钮,渲染 Camera01 视图,效果如图 9-69 所示。

图　9-69

习　　题

1. 运用 Video Post 视频合成器制作如图 9-70 所示的效果。

图　9-70

2. 运用大气特效制作如图 9-71 所示的效果。

图　9-71

241

第10章   粒子系统与空间扭曲

粒子系统是生成不可编辑子对象的系列对象,也称粒子,主要用于 3D 动画。3ds Max 提供了包括"喷射"和"雪"等几种内置的粒子系统,"导向器""重力"和"风"等空间扭曲都可以与粒子系统一起使用。空间扭曲是可以为场景中的其他对象提供各种"力场"效果的对象。某些空间扭曲可以生成波浪、涟漪或爆炸效果,使几何体对象发生变形;其他的空间扭曲专门用于粒子系统,可以模拟各种自然效果,如随风飘动的雪雨或瀑布中若隐若现的岩石。

10.1   粒 子 系 统

粒子系统可用于各种动画任务,主要为大量小型对象设置动画。3ds Max 提供了事件驱动和非事件驱动两种不同类型的粒子系统。非事件驱动粒子系统为随时间生成粒子子对象提供了相对简单而又直接的方法,以便模拟雪、雨、尘埃等效果。在非事件驱动粒子系统中,粒子通常在动画过程中显示类似的属性。事件驱动粒子系统也称粒子流,它可以测试粒子属性,并根据测试结果将其发送给不同的事件,当粒子位于事件中时,每个事件都指定粒子的不同属性和行为。

10.1.1   粒子发射系统

创建粒子发射系统,首先选择要添加的粒子系统类型,然后在场景中创建粒子系统图标。根据粒子系统类型的不同,图标的用途也有所不同。下面通过一个实例来介绍创建粒子发射系统的方法。

在创建面板的"标准基本体"下拉列表框中选择"粒子系统"选项,单击"雪"按钮,在透视图中按住鼠标左键,拖曳出一个雪花粒子发射器,如图 10-1 所示。

单击动画播放控制区中的 ▶ 按钮,在透视图中观看粒子效果,可见粒子是以发射器面为发射面进行发射的,如图 10-2 所示。

提示:雪粒子系统模拟降雪或投撒的纸屑。

单击"超级喷射"按钮,在透视图中创建一个超级喷射粒子发射器,并观看粒子运动效果,可见粒子是以点为发射点向外发射的,如图 10-3 所示。

提示:超级喷射粒子系统发射受控制的粒子,与简单的喷射粒子系统类似,只是增加了所有新型粒子系统提供的功能。

图 10-1

图 10-2

图 10-3

第
10
章

粒子系统与空间扭曲

单击"粒子阵列"按钮,在透视图中创建一个粒子阵列发射器,此时单击 ▶ 按钮,粒子阵列发生器并未出现粒子。这是因为粒子阵列需要一个三维物体作为载体,从它的表面向外发射粒子。

单击"创建"面板中的"几何体"按钮 ◯,在"对象类型"卷展栏中单击"茶壶"按钮,在顶视图中创建一个茶壶并调整至合适位置,如图 10-4 所示。

图　10-4

选择粒子阵列发生器,打开"修改"面板,在"基本参数"卷展栏中单击"拾取对象"按钮,然后在视图中单击前面创建的茶壶,单击 ▶ 按钮,在透视图中观看粒子阵列效果,此时粒子从圆锥体的表面向外发散,如图 10-5 所示。

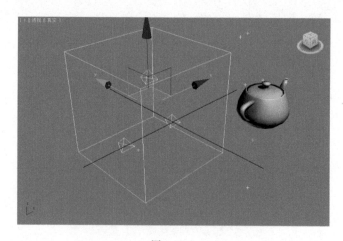

图　10-5

粒子阵列系统提供两种类型的粒子效果,可将所选几何体对象用作发射器模板(或图案)发射粒子,此对象在此称作分布对象,可用于创建复杂的对象爆炸效果。

10.1.2　粒子分类

在 3ds Max"几何体"创建面板的"粒子系统"分类中为用户提供了各种粒子系统的创建按钮,根据功能的不同可分为基本粒子系统、高级粒子系统和事件驱动粒子系统。

1. 基本粒子系统

基本粒子系统包括喷射和雪两种粒子系统。喷射粒子系统中的粒子在整个生命周期内始终朝指定方向移动,主要用于模拟雨、喷泉和火花等。雪粒子系统中粒子的运动轨迹不是恒定的直线方向,而且粒子在移动的过程中不断翻转,大小也不断变化,常用来模拟雪等随风飘舞的粒子现象。这两种粒子系统的参数也基本相同,如图 10-6 所示。在此着重介绍如下参数。

图　10-6

视口计数/渲染计数:这两个编辑框用于设置视口或渲染图像中粒子的数量,通常将"视口计数"编辑框的值设为较低值,以减少系统运算量和内存使用量。

速度:设置粒子系统中新生成粒子的初始速度,下方的"变化"编辑框用于设置各新生成粒子初始速度随机变化的最大百分比。

翻滚:设置雪粒子在移动过程中的最大翻滚值,取值范围为 0.0~1.0。当数值为 0.0时,雪花不翻滚。

翻滚速率:设置雪粒子的翻滚速度,数值越大,雪花翻滚越快。

水滴/圆点/十字叉:这 3 个单选钮用于设置粒子在视口中的显示方式。

渲染：该选项区域中的参数用于设置粒子的渲染方式。其中，选中"面"单选按钮时，粒子将被渲染为始终面向视图的方形面片。

计时：该选项区域的参数中，"开始"编辑框用于设置粒子开始喷射的时间，"寿命"编辑框用于设置粒子从生成到消亡的时间长度，"出生速率"编辑框用于设置每帧动画生成新粒子的数量(取消选中"恒定"复选框时该编辑框可用)。

发射器：该选项区域中的参数用于设置粒子发射器的大小，以调整粒子的喷射范围(粒子发射器在视口中可见，渲染时不可见)。

2. 高级粒子系统

高级粒子系统包括超级喷射、暴风雪、粒子阵列和粒子云。超级喷射产生的是从点向外发射的线型(或锥型)粒子流，常用来制作飞船尾部的喷火和喷泉等效果。暴风雪产生的是从平面向外发射的粒子流，常用来制作气泡上升和烟雾升腾等效果。粒子阵列是从指定物体表面发射粒子，或者将指定物体崩裂为碎片发射出去，形成爆裂效果。粒子云是在指定的空间范围或指定物体内部发射粒子，常用于创建有大量粒子聚集的场景。

这几种高级粒子系统的创建方法与喷射粒子系统类似，在此不做介绍。创建完粒子系统后，利用"修改"面板各卷展栏中的参数可以调整粒子的喷射效果。由于这几种粒子系统的参数类似，在此以超级喷射粒子系统为例，介绍各卷展栏中参数的作用。

"基本参数"卷展栏：如图10-7所示，该卷展栏中的参数用于控制粒子系统中粒子的发射方向、辐射面积和在视图中的显示情况。

"粒子生成"卷展栏：如图10-8所示，该卷展栏中的参数用于设置粒子系统中粒子的数量、大小和运动属性。

图　10-7

图　10-8

"粒子类型"卷展栏：如图10-9所示，该卷展栏中的参数用于设置渲染时粒子的形状及粒子的贴图方式和材质来源。

"旋转和碰撞"卷展栏：如图 10-10 所示，利用该卷展栏中的参数可以设置粒子的旋转和碰撞效果。

图　10-9　　　　　　　　　　　　图　10-10

　　"对象运动继承"卷展栏：如图 10-11 所示，该卷展栏中的参数用于设置粒子发射器的运动对新生成粒子的影响情况。其中，"影响"编辑框用于设置受影响粒子所占的百分比；"倍增"编辑框用于设置受影响粒子运动速度的倍增值。

　　"气泡运动"卷展栏：如图 10-12 所示，该卷展栏中的参数用于模拟气泡在水中上升时的摇摆效果。其中，"幅度""周期"和"相位"编辑框分别用于设置粒子偏离正常轨迹的幅度、粒子完成一次摇摆所需的时间和粒子摇摆的初始相位。

图　10-11　　　　　　　　图　10-12

　　"粒子繁殖"卷展栏：如图 10-13 所示，该卷展栏中的参数用于设置粒子在消亡或与导向器碰撞后所发生的事件(取消选中"旋转和碰撞"卷展栏"粒子碰撞"选项区域中的"启用"复选框后，这些参数可用)。

　　"加载/保存预设"卷展栏：该卷展栏中的参数主要用于保存或调用超级喷射粒子系统的参数。如图 10-14 所示分别为保存和调用参数的具体操作。

3. 事件驱动粒子系统

　　事件驱动粒子系统即 PF Source(Particle Flow Source)粒子系统。这是一种特殊的粒子系统，它将粒子的属性(如形状、速度、旋转等)复合到事件中，然后根据事件计算出粒子的

图 10-13　　　　　　　　　　　　　　　　　　　　图 10-14

行为,常用来模拟可控的粒子流现象。

　　PF Source 粒子系统的创建方法与喷射粒子系统类似,在此不做介绍。下面介绍 PF Source 粒子系统的参数。

　　"设置"卷展栏:如图 10-15 所示,在该卷展栏中,"启用粒子发射"复选框用于控制 PF Source 粒子系统是否发射粒子;单击"粒子视图"按钮可弹出"粒子视图"对话框,利用该对话框中的参数可以为 PF Source 粒子系统添加事件,以控制粒子的发射情况。

图 10-15

"发射"卷展栏：如图 10-16 所示，在该卷展栏中，"发射器图标"选项区域中的参数用于调整发射器图标的物理属性，"数量倍增"选项区域中的参数用于设置视口或渲染图像中显示的粒子占总粒子数的百分比。

"选择"卷展栏：如图 10-17 所示，该卷展栏中的参数主要用于设置 PF Source 粒子系统中粒子的选择方式以及选择 PF Source 粒子系统中的粒子（单击选中"粒子"按钮后，可通过单击或者拖曳出一个选区选择粒子；单击选中"事件"按钮后，可通过"按事件选择"列表中的事件选择粒子）。

"系统管理"卷展栏：如图 10-18 所示，在该卷展栏中，"粒子数量"选项区域中的参数用于限制 PF Source 粒子系统中粒子的数量，"积分步长"选项区域中的参数用于设置在视口中或渲染时 PF Source 粒子系统的更新频率（积分步长越小，粒子系统的模拟效果越好，计算量越大）。

图　10-16

图　10-17

图　10-18

10.2　空间扭曲

空间扭曲是影响其他对象外观的不可渲染对象。空间扭曲能创建使其他对象变形的力场，从而创建出涟漪、波浪和风吹等效果，如图 10-19 所示。

图　10-19

粒子系统与空间扭曲

10.2.1 空间扭曲使用方法

空间扭曲物体是一种可渲染的对象,一般将其绑定到目标对象上,使目标对象产生变形。空间扭曲物体在视图中显示为一个网络框架(如图 10-20 所示),可以被移动、旋转和缩放。一般使用主具栏中的 按钮将空间扭曲物体与目标对象绑定,它只对与其绑定的对象起作用。

图 10-20

空间扭曲的行为方式类似于修改器,只不过空间扭曲影响的是世界空间,而几何体修改器影响的是对象空间。

创建空间扭曲对象时,视口中会显示一个线框来表示它。可以像对其他 3ds Max 对象那样变换空间扭曲。空间扭曲的位置、旋转和缩放会影响其作用。

空间扭曲只会影响和它绑定在一起的对象。扭曲绑定显示在对象修改器堆栈的顶端。空间扭曲总是在所有变换或修改器之后应用。

当把多个对象和一个空间扭曲绑定在一起时,空间扭曲的参数会平等地影响所有对象。不过,每个对象距空间扭曲的距离或者它们相对于扭曲的空间方向可以改变扭曲的效果。由于该空间效果的存在,只要在扭曲空间中移动对象就可以改变扭曲的效果。

10.2.2 空间扭曲类型

通过“创建”面板的“空间扭曲”类别上的列表,可以看见空间扭曲有 5 种类型,如图 10-21 所示。

(1)力:这些空间扭曲用于影响粒子系统。在“对象类型”卷展栏中指明了各个空间扭曲所支持的系统,如图 10-22 所示。

图 10-21

图 10-22

力空间扭曲主要用来模拟现实中各种力的作用效果,比较常用的力空间扭曲有如下。

推力:用于为粒子系统和动力学系统提供均匀的单向推力,如图10-23所示。

马达:用于为粒子系统和动力学系统提供螺旋状的推力,如图10-24所示。

图　10-23

图　10-24

漩涡:可以使粒子系统中的粒子产生漩涡效果,如图10-25所示,常用来制作粒子的涡流现象。

阻力:在指定范围内按指定方式降低粒子的运动速度,如图10-26所示,常用来模拟粒子运动时所受的阻力。

图　10-25

图　10-26

粒子爆炸:可以应用于粒子系统和动力学系统,以产生粒子爆炸效果,或者为动力学系统提供爆炸冲击力。

路径跟随:可以控制粒子的运动方向,使粒子沿指定的路径曲线流动,常用来表现山涧的小溪、水流沿曲折的路径流动等效果。

置换:应用位图的灰度生成置换量,或者通过设置置换的"强度"和"衰减"值,直接应用置换。

重力:用于模拟现实中的重力,以表现出粒子在重力作用下下落的效果。

风:用于模拟现实中的风,以表现出粒子在风的吹动下飘飞的效果。

(2)导向器:这些空间扭曲用于使例子偏转。在"对象类型"卷展栏中指明了各个空间扭曲所支持的系统，如图 10-27 所示。

导向器可应用于粒子系统或动力学系统，以模拟粒子或物体的碰撞反弹动画。3ds Max 为用户提供了 6 种类型的导向器，下面介绍主要导向器的特点。

图 10-27

导向板：该导向器是反射面为平面的导向器，它只能应用于粒子系统，作为阻挡粒子前进的挡板。当粒子碰到它时会沿对角方向反弹出去，如图 10-28 所示，常用来表现雨水落地后溅起水花或物体落地后摔成碎片的效果。

导向球：该导向器与导向板类似，但它产生的是球面反射效果。

泛方向导向板：也是碰撞面为平面的导向器，不同的是，粒子碰撞到该导向板后，除产生反射效果外，部分粒子还会产生折射和繁殖效果，如图 10-29 所示。

图 10-28　　　　　　　　　　　　　图 10-29

泛方向导向球：类似于泛方向导向板，它产生的是球面反射和折射效果。

全泛方向导向：该导向器类似于全动力学导向器，它可以使用指定物体的任意表面作为反射和折射平面，且该物体可以是静态物体、动态物体或随时间扭曲变形的物体。需要注意的是，该导向器只能应用于粒子系统；而且，粒子越多，指定物体越复杂，该导向器越容易发生粒子泄露。

全导向器：该导向器类似于全动力学导向器，它也可以使用指定物体的任意表面作为反应面。但是，它只能应用于粒子系统，且粒子撞击反应面时只有反弹效果。

（3）几何/可变形：这些空间扭曲用于使几何体变形。在"对象类型"卷展栏中指明了各个几何/可变形所支持的系统，如图 10-30 所示。

几何/可变形空间扭曲主要用于使三维对象产生变形效果，以制作变形动画。比较常用的几何/可变形空间扭曲如下。

图 10-30

FFD（长方体）和 FFD（圆柱体）：这两种空间扭曲同 FFD 修改器类似。创建好空间扭曲，并绑定到三维对象中后，设置其修改对象为"控制点"，然后调整晶格中控制点的位置，即可调整被绑定三维对象的形状，如图 10-31 所示。

图 10-31

波浪/涟漪：这两种空间扭曲分别可以在被绑定的三维对象中创建线性波浪和同心波纹，图10-32所示为涟漪空间扭曲的使用效果。需要注意的是，使用这两种空间扭曲时，被绑定对象的分段数要适当，否则无法产生所需的变形效果。

爆炸：该空间扭曲可以将被绑定的三维对象炸成碎片，常配合各种力空间扭曲制作三维对象的爆炸动画，如图10-33所示。

图 10-32

图 10-33

（4）基于修改器：是对象修改器的空间扭曲形式，基于修改器的空间扭曲和标准对象修改器的效果完全相同。和其他空间扭曲一样，它们必须和对象绑定在一起，并且它们是在世界空间中发生作用。在"对象类型"卷展栏中指明了各个基于修改器所支持的系统，如图10-34所示。

（5）粒子和动力学：这些空间扭曲用于影响粒子系统。在"对象类型"卷展栏中指明了粒子和动力学所支持的系统，如图10-35所示。

-	对象类型
□ 自动栅格	
弯曲	扭曲
锥化	倾斜
噪波	拉伸

图 10-34

图 10-35

10.3　经典案例

10.3.1　下雪效果

本案例利用粒子系统模拟雪景，学习使用"雪"粒子参数设置方法。

Step 1 选择"文件"→"打开"命令,打开"草原.max"素材文件,这是一张背景贴图的场景文件,如图 10-36 所示。

Step 2 单击"创建"面板中的 ○ 按钮,在其下方的下拉列表框中选择"粒子系统"选项,在"对象类型"卷展栏中单击"雪"按钮,在顶视图中创建雪粒子系统,拖动时间滑块,产生雪花效果如图 10-37 所示。

图 10-36   图 10-37

Step 3 打开"修改"面板,在"基本参数"卷展栏中设置雪花参数,如图 10-38 所示。

Step 4 单击工具栏中的"材质编辑器"按钮,打开"材质编辑器"窗口,选择一个新材质球,并将其命名为"雪材质"。在"Blinn 基本参数"卷展栏中,选中"自发光"选项区域中的"颜色"复选框,设置其颜色值为(228,228,228),如图 10-39 所示。

图 10-38   图 10-39

Step 5 单击"贴图"卷展栏中"不透明度"复选框右侧的"None"按钮,在弹出的"材质/贴图浏览器"对话框中双击"渐变坡度"选项,在"渐变坡度参数"卷展栏中选择"渐变类型"为"径向",在"输出"卷展栏中选中"反转"复选框,如图 10-40 所示。

Step 6 选取前面创建暴风雪粒子系统,将材质赋予给它,效果如图 10-41 所示。

图　　10-40

图　　10-41

10.3.2　流水效果

通过本案例流水效果的制作,学习"粒子云"参数的设置方法,以及"导向板"对粒子的作用。

Step 1　单击"创建"面板中的 ○ 按钮,在其下方的下拉列表框中选择"粒子系统"选项,在"对象类型"卷展栏中单击"粒子云"按钮,在顶视图中创建粒子云系统,效果如图 10-42 所示。

Step 2　单击"创建"面板中的"空间扭曲"按钮 ≋ ,在其下方的下拉列表框中选择"力"选项,在"对象类型"卷展栏中单击"重力"按钮,在顶视图中创建如图 10-43 所示的重力。

图　10-42

图　10-43

Step 3　选择粒子云,单击主工具栏中的"绑定到空间扭曲"按钮 ，此时将出现一条跟随鼠标轨迹的虚线,在顶视图中单击重力(如图 10-44 所示),将粒子云与重力绑定。

Step 4　拖动时间滑块,产生向下的粒子,选择粒子云,打开"修改"面板,在"基本参数"卷展栏中设置参数,如图 10-45 所示。然后在"粒子生成"卷展栏中设置参数,如图 10-46所示,在"粒子类型"卷展栏中设置参数,如图 10-47 所示。

Step 5　渲染透视图,效果如图 10-48 所示。

图 10-44

图 10-45 　　　　　 图 10-46 　　　　　 图 10-47

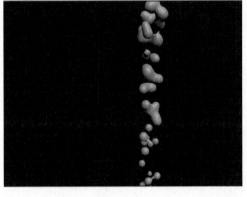

图 10-48

粒子系统与空间扭曲

Step 6 单击"创建"面板中的"空间扭曲"按钮 ≋,在其下方的下拉列表框中选择"导向器"选项,在"对象类型"卷展栏中单击"导向板"按钮,在顶视图中创建如图 10-49 所示的导向板。

图 10-49

Step 7 在透视图中,将导向板向下移动,并旋转一定角度,如图 10-50 所示。

图 10-50

Step 8 选择粒子云,单击主工具栏中的"绑定到空间扭曲"按钮 ≋,此时将出现一条跟随鼠标轨迹的虚线,在透视图中单击导向板(如图 10-51 所示),将粒子云与导向板绑定。

Step 9 选择导向板,打开"修改"面板,在"参数"卷展栏中设置参数,如图 10-52 所示。

Step 10 渲染透视图,效果如图 10-53 所示。

图　10-51

Step 11　单击工具栏中的"材质编辑器"按钮 ，打开"材质编辑器"窗口，选择一个默认材质球，在"明暗器基本参数"卷展栏中选中"双面"复选框，在"Blinn 基本参数"卷展栏中设置"高光级别"设置为 150，"光泽度"为 60，如图 10-54 所示。

图　10-52

图　10-53

图　10-54

粒子系统与空间扭曲

Step 12 在"扩展参数"卷展栏中将"折射率"大小设置为1.3,如图10-55所示。

Step 13 在"贴图"卷展栏中单击"折射"右边的"None"按钮,弹出"材质/贴图浏览器"对话框,在"光线跟踪"选项上双击,为"折射"贴图通道指定一种"光线跟踪"材质,如图10-56所示。

Step 14 将材质赋予粒子云,渲染透视图,效果如图10-57所示。

图 10-55

图 10-56

图 10-57

Step 15 创建环境材质。选择"渲染"→"环境"命令,在弹出的"环境和效果"对话框中单击"无"按钮,如图10-58所示,弹出"材质/贴图浏览器"对话框,在"位图"选项上双击,在弹出的"选择位图图像文件"对话框中选择背景.TIF文件,如图10-59所示。

图 10-58

图 10-59

Step 16   渲染透视图,效果如图 10-60 所示。

图   10-60

10.3.3   运动小球

本案例通过运动小球的制作,学习使用 PF Source 粒子发射系统设置方法以及"导向板"对粒子的作用。

Step 1   选择"文件"→"打开"命令,打开"运动小球.max"素材文件,场景中只有 4 个导向板,如图 10-61 所示。

图   10-61

Step 2   单击"创建"面板中的 ⚪ 按钮,在其下方的下拉列表框中选择"粒子系统"选项。单击"PF Source"按钮,在左视图中创建一个 PF Source 粒子发射系统,如图 10-62 所示。

图 10-62

Step 3 拖动时间滑块,在前视图中选择粒子,单击工具栏中的"镜像"按钮 ,在弹出的"镜像:屏幕、坐标"对话框中设置参数,如图 10-63 所示。

图 10-63

Step 4 单击"确定"按钮,将粒子镜像,单击工具栏中的"旋转"按钮 ○,调整粒子的方向,如图 10-64 所示。

图　10-64

Step 5　打开"修改"面板,单击"粒子视图"按钮,在打开的"粒子视图"窗口中选择选择 Birth 001 选项,并设置参数,如图 10-65 所示。

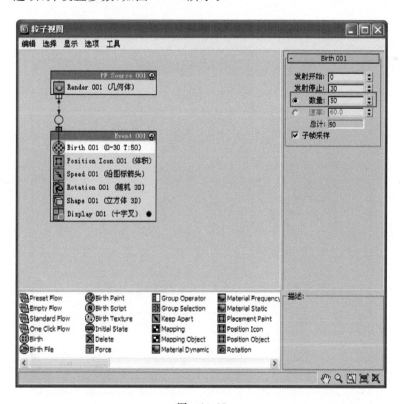

图　10-65

粒子系统与空间扭曲

Step 6 在"粒子视图"窗口中选择 Speed 001 选项,并设置参数,如图 10-66 所示。

图 10-66

Step 7 在"粒子视图"窗口中选择 Shape 001 选项,并设置参数,如图 10-67 所示。

图 10-67

Step 8　在"粒子视图"窗口中选择 Display 001 选项，并设置参数，如图 10-68 所示，效果如图 10-69 所示。

图　10-68

图　10-69

粒子系统与空间扭曲

Step 9 单击"创建"面板中的 ≋ 按钮,在"力"卷展栏中单击"重力"按钮,在顶视图中创建一个重力场,如图 10-70 所示。

图 10-70

Step 10 按键盘中的 6,打开"粒子视图"窗口,选择 Force 选项,拖曳到 Display 001 选项下面,这样就为粒子添加一个力场控制属性,单击"按列表"按钮,在弹出"选择力空间扭曲"窗口中,选择 Gravity001 选项,如图 10-71 所示,单击"选择"按钮,拖动时间滑块,效果如图 10-72 所示。

图 10-71

Step 11 选择"重力"图标,打开"修改"面板,在"参数"卷展栏中设置"强度"为 0.5,如图 10-73 所示。

图　10-72

图　10-73

Step 12　按键盘中的 6，打开"粒子视图"窗口，选择 Collision 选项，拖曳到 Force 001 选项下面，然后选择 Collision 001 选项，单击"按列表"按钮，在弹出的"选择导向器"对话框中，选择 Deflector01-04 选项，如图 10-74 所示，单击"选择"按钮，拖动时间滑块，效果如

图 10-75 所示。

图　10-74

图　10-75

Step 13 在"粒子视图"窗口中选择 Material Static 选项,拖曳至 Display 001 选项下面,为粒子添加了材质编辑控制属性,在主工具栏中单击 按钮,打开"材质编辑器"窗口,将一个材质球拖曳至"粒子视图"对话框中"指定材质"的"None"按钮上,在弹出的"实例(副本)材质"窗口中选择"实例"选项,如图 10-76 所示,单击"确定"按钮。

图　10-76

Step 14　　在"Blinn 基本参数"卷展栏中,设置"漫反射"颜色为红色,"高光级别"为 100,"光泽度"为 50,然后渲染透视图,效果如图 10-77 所示。

图 10-77

粒子系统与空间扭曲

Step 15 沿导向板创建四个平面,并分别贴上"线框"材质(如图 10-78 所示),然后渲染透视图,效果如图 10-79 所示。

图 10-78

图 10-79

10.3.4 热点追踪动画制作

本实例通过创建粒子,学习"超级喷射"粒子的相关参数设置,以及制作粒子镜头光晕特效,学习 Video Post 窗口的"镜头光晕特效"设置。

Step 1 选择"文件"→"打开"命令,打开"热点追踪. max"素材文件,如图 10-80 所示。

Step 2 选择"渲染"→"环境"命令,在弹出的"环境和效果"对话框中单击"无"按钮,如图 10-81 所示,弹出"材质/贴图浏览器"对话框,在"位图"选项上双击,选取"Space008. jpg"文件,如图 10-82 所示。

Step 3 激活顶视图,单击"创建"面板中的"图形"按钮 ⚙,在"对象类型"卷展栏中单击"线"按钮,在顶视图中从下往上绘制如图 10-83 所示的曲线。

Step 4 打开"修改"面板,在"选择"卷展栏中单击 ⣿ 按钮,单击主工具栏中的"选择并移动"按钮,在各视图中对曲线进行调整,完成一条三维空间的圆滑路径,如图 10-84 所示。

图　10-80

图　10-81

粒子系统与空间扭曲

图 10-82

图 10-83

图 10-84

Step 5 激活顶视图,选取曲线,单击主工具栏中的 ⚙ 按钮,在弹出的"镜像:屏幕、坐标"对话框中设置相应参数(如图 10-85 所示),然后再将调整镜像曲线,效果如图 10-86 所示。

图　10-85

图　10-86

Step 6 单击"创建"面板中的 ⚪ 按钮,在其下方的下拉列表框中选择"粒子系统"选项。单击"超级喷射"按钮,创建一个超级喷射粒子系统,如图 10-87 所示。

Step 7 打开"修改"面板,在"基本参数"卷展栏中设置"轴偏离"扩散值为 8.0,"平面偏离"扩散值为 90.0(如图 10-88 所示),拖动时间滑块产生圆锥状的粒子流效果如图 10-89 所示。

图 10-87

图 10-88

图 10-89

Step 8 在"粒子生成"卷展栏中设置"粒子数量"选项为"使用总数",数量值为 4000,"粒子运动"速度值为 8.0,"发射开始"值为-100,"发射停止"值为 150,"显示时限"值为 25,"寿命"值为 25,其"变化"值为 15,"粒子大小"值为 2.0,"粒子大小"变化值为 30.0,"增长耗时"值为 5,如图 10-90 所示。

Step 9 在"粒子类型"卷展栏中设置"标准粒子"为"六角形",如图 10-91 所示。

Step 10 单击工具栏中的"材质编辑器"按钮,打开"材质编辑器"窗口,在"明暗器基本参数"卷展栏中的下拉列表框中选择"(M)金属"选项,在"自发光"选项区域"颜色"右侧的数值框中输入 100;在"扩展参数"卷展栏中"类型"选项下方选中"过滤"单选按钮,并设置其颜色为白色,在"衰减"选项下方选中"外"单选按钮,设置"数量"值为 100,如图 10-92 所示。

图 10-90

图 10-91

Step 11 单击"贴图"卷展栏中"漫反射颜色"复选框右侧的"None"按钮,在弹出的"材质/贴图浏览器"对话框中双击"粒子年龄"选项,进入"粒子年龄参数"卷展栏,如图 10-93 所示。

图 10-92   图 10-93

Step 12 在"粒子年龄参数"卷展栏中分别设置粒子颜色为黄色、桔黄色、红色,然后将材质赋予粒子,如图 10-94 所示。

图 10-94

Step 13 在视图中选取粒子,右击,在弹出的快捷菜单中选择"对象属性"选项,弹出"对象属性"对话框,在"G 缓冲区"选项区域中设置"对象 ID"为 1,在"运动模糊"选项区域中设置"倍增"值为 1.0,如图 10-95 所示。

Step 14 选择"编辑"→"克隆"命令,建立一个新的粒子系统 Super Spray02,确认它为当前选择状态,选择"动画"→"约束"→"路径约束"命令,添加一个路径约束控制器,如图 10-96 所示。

Step 15 在前视图中单击曲线 line02,拾取路径约束,打开"修改"面板,在"路径参数"卷展栏中分别选中"跟随"和"恒定速率"复选框,在"轴"选项区域中选中 Y 单选按钮,如图 10-97 所示。

图 10-95

图 10-96

图 10-97

粒子系统与空间扭曲

Step 16   选取另一粒子系统,用相同的方法,将它置在另一条运动路径上,如图 10-98 所示。

图   10-98

Step 17   选择粒子系统 Super Spray01,选择"图形编辑器"→"轨迹视图-摄像表"命令,在"轨迹视图-摄像表"窗口中展开"Super Spray01"→"变换"→"位置"→"百分比"选项,将其右侧键点移到 100 帧处,同样将粒子系统 Super Spray02 右侧键点移到 100 帧处,如图 10-99 所示。

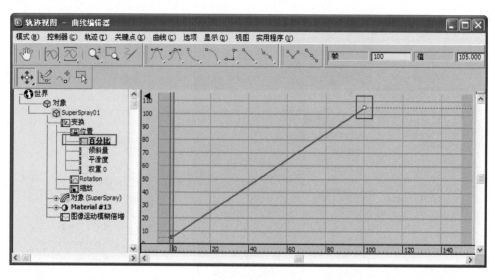

图   10-99

Step 18   选择"热点追踪"文字,将滑块移动到 90 帧,在滑块上单击右键,在弹出的对话框中仅勾选"位置"选项,单击"确定"按钮,在此处加入一个位置关键帧,然后将时间滑块滑到 80 帧处,单击"自动关键点"按钮,启动动画记录模式,将"热点追踪"文字右移,正好放置在摄像机视图中看到的位置,如图 10-100 所示。

图　　10-100

Step 19 在视图中选取"热点追踪"文字,右击,在弹出的快捷菜单中选择"对象属性"选项,弹出"对象属性"对话框,在"运动模糊"选项区域设置"倍增"值为2.0,如图10-101所示。

图　　10-101

粒子系统与空间扭曲

Step 20 选择"渲染"→Video Post 命令,在打开的"Video Post"窗口中单击 ⏪ 按钮,在弹出的"添加场景事件"对话框中设置相应参数,如图 10-102 所示。

图 10-102

Step 21 单击"确定"按钮,在 Video Post 窗口中单击 ⏪ 按钮,在弹出的"添加图像过滤事件"对话框中选择"镜头效果光晕"选项,如图 10-103 所示。

图 10-103

Step 22 单击"确定"按钮,在 Video Post 窗口的右侧双击"镜头效果光晕"选项,弹出"编辑过滤事件"对话框(如图 10-104 所示),单击"设置"按钮,打开"镜头效果光晕"窗口,如图 10-105 所示。

Step 23 在"镜头效果光晕"窗口中分别单击"预览"和"VP 队列"按钮,如图 10-106 所示。

图 10-104

图 10-105

图 10-106

Step 24 在"镜头效果光晕"窗口中,选择"首选项"选项卡,在"效果"选项区域中设置"大小"值为1.2,在"颜色"选项区域中选中"用户"单选按钮,将其右侧的颜色设置为红色(RGB参数值分别为255,79,0),将"强度"值设置为32.0,单击"更新"按钮,效果如图10-107所示。

Step 25 参照前面的方法添加第二个"镜头效果光晕"效果,在"镜头效果光晕"窗口中分别单击"预览"和"VP队列"按钮,然后选择"首选项"选项卡,在"效果"选项区域中设置"大小"值为3,在"颜色"选项区域中选中"渐变"单选按钮,单击"更新"按钮,效果如图10-108所示。

粒子系统与空间扭曲

图　10-107

图　10-108

Step 26　选择"渐变"选项卡,设置"径向颜色"选项左侧色标 RGB 的颜色值为(255,255,0),右侧色标 RGB 的颜色值为(255,47,0),在偏左侧位置处添加一个色标,色标 RGB 的颜色值为(255,40,0),单击"更新"按钮,效果如图 10-109 所示。

Step 27　选择"噪波"选项卡,在"设置"选项区域中设置"运动"为 0.0,分别选中"红""绿""蓝"复选框,在"参数"选项区域中设置"大小"值为 20.0,"偏移"为 60.0,"边缘"值为 0.0,如图 10-110 所示。

图　10-109

图　10-110

Step 28 参照前面的制作方法,添加"镜头光斑"效果,在"镜头光斑"窗口中单击"节点源"按钮,配合 Shift 键将 Super Spray01、Super Spray02 两个粒子系统全部选择,表明对两个粒子系统进行相同的光斑处理,效果如图 10-111 所示。

图 10-111

Step 29 为了更好地观察光斑效果,将时间滑块移动到 70 帧处,单击"更新"按钮,效果如图 10-112 所示。

图 10-112

Step 30 在窗口右上方分别选中"光晕""射线"和"星形"复选框,其他选项关闭,如图 10-113 所示。

图　10-113

Step 31　选择"光晕"选项卡,设置"大小"值为30.0,对"径向颜色"进行调节,左侧色标颜色为白色,右侧色标RGB的颜色值为(255,115,0),在偏左侧位置处添加一个色标,色标RGB的颜色值为(255,242,207),如图10-114所示。

图　10-114

Step 32 在"径向透明度"选项偏左侧位置处添加一个色标,"亮度"值设置为252,如图 10-115 所示。

图　10-115

Step 33 选择"射线"选项卡,将"大小"值设置为100,对"径向颜色"进行调节,左侧色标 RGB 的颜色值为(255,255,167),右侧色标 RGB 的颜色值为(255,115,74),如图 10-116 所示。

图　10-116

粒子系统与空间扭曲

Step 34 设置"径向透明度"选项第二个色标"亮度"值为 72,第三个色标"亮度"值为 47,如图 10-117 所示。

图 10-117

Step 35 选择"星形"选项卡,设置"大小"值为 75,"宽度"值为 3.5,"锐化"值为 7.6,"锥化"值为 1,如图 10-118 所示。

图 10-118

Step 36 在视频合成器的空白处单击以取消选择,单击 ![]按钮加入一个动画文件输出项目,然后单击 ![]按钮,渲染摄像机视图,效果如图 10-119 所示。

图   10-119

习   题

1. 运用粒子创建如图 10-120 所示的效果。

图   10-120

粒子系统与空间扭曲

2. 运用导向板制作如图 10-121 所示的效果。

图 10-121

第11章　IK 系统与角色动画

在 3ds Max 中有 4 种反向动力学(Inverse Kinematics,IK)解算器,分别为 HI(历史独立型)、HD(历史相关)、IK(肢体)和样条线 IK(样条线 IK 型),对于角色动画而言,用得最多的是 HI(历史独立型)解算器。

角色动画是动画控制中最复杂、最具有挑战性的内容。一个完整的角色,包含骨骼(也称角色装配)、蒙皮、变形器、驱动关键帧等内容,需要使用的工具及参数众多,要使它们正确、协调地工作并不是一件容易的事情,但只要掌握了角色动画的制作原理和各种工具的使用方法,就会发现角色动画其实也很容易。

11.1　正向运动学和反向运动学的概念

角色动画中的骨骼运动遵循运动学原理,定位和动画骨骼包括两种类型的运动学:正向运动学(FK)和反向运动学(IK)。

正向运动学是指完全遵循父子关系的层级,用父层级带动子层级的运动。即当父对象发生位移、旋转和缩放变化时,子对象会继承父对象的这些信息发生相应的变化,但是子对象的位置、旋转和缩放却不会影响父对象,父对象将保持不变。例如,有一个体的层级链接,当躯干(父对象)弯腰,头部(子对象)跟随它一起运动,但是当单独转动头部时却不会影响躯干的动作。

提示:在计算机动画软件的发展初期,关节动画都是正向链接系统。它的优点是软件开发容易,计算简单,运算速度快;缺点是工作效率太低,而且很容易产生不自然协调的动作。

3ds Max 系统中的 Bones 骨骼系统默认每节骨骼之间就是标准的正向链接,但是当移动子骨骼时,父骨骼的方向会自动对齐子骨骼,这是骨骼的特性。当然也可能把其他的对象也设成骨骼,那么它们也就有了骨骼的这种特性。

反向运动学与正向运动学正好相反,反向运动学是依据其子对象关节的最终位置和角度,反过来推导出整个骨架的形态,也即父对象的位置和方向由子对象的位置和方向确定。可以为腿部设置 HI(历史独立型)的 IK 解算器,然后通过移动骨骼末端的 IK 链来得到腿部骨骼的最终形态,如图 11-1 所示。

提示:反向运动学的优点是工作效率高,大大减少了需要手动控制的关节数目,比正向运动学更易于使用,它可以快速创建复杂的运动;缺点是求解方程组需要耗费较多的计算机资源,在关节增多的时候尤为明显。

图　11-1

11.2　IK 解算器

IK 解算器可以创建反向运动学解决方案,用于旋转和定位链中的链接。它可以应用 IK 控制器,来管理链接中子对象的变换。可以将 IK 解算器应用于对象的任何层次。使用 "动画"菜单中的命令,可以将 IK 解算器应用于层次或层次的一部分。在层次中选中对象, 并选择 IK 解算器,然后单击该层次中的其他对象,以便定义 IK 链的末端。

3ds Max 中共有以下 4 种 IK 解算器。

HI(历史独立型)解算器:对角色动画和序列较长的任何 IK 动画而言,HI 解算器是首选方法。使用 HI 解算器进可以在层次中设置多个链。对角色动画和序列较长的 IK 动画而言,HI 解算器是首选的方法。例如角色的腿部可能存在一个从臀部到脚踝的链,还存在另外一个从脚趾的链。

HD(历史相关)解算器:一种最适用于计算机动画制作的解算器,使用该解算器,可以设置关节的限制和优先级。它具有与长序列相关的性能问题,最好在短动画序列中使用。该解算器适用于设置动画的计算机,尤其适用于那些包含滑动部分的计算机。

IK(肢体)解算器:只能对链中的两块骨骼进行操作。它是一种在视口中快速使用的分析解算器,可以设置角色手臂和腿部的动画。

样条线 IK 解算器:使用样条线确定一组骨骼或其他链接对象的曲率。它提供的动画系统比其他 IK 解算器的灵活性高。节点可以在 3D 空间中随意移动,链接的结构可以进行复杂的变形。

下面举例说明如何创建 IK 解算器。

Step 1　选择"文件"→"打开"命令,打开"蛇.max"素材文件,如图 11-2 所示。

Step 2　选择头部骨骼,选择"动画"→"IK 解算器"→"样条线 IK 解算器"命令,此时将出现一条跟随鼠标轨迹的虚线,单击尾部骨骼,这样就创建了一个样条线 IK 解算器。此时又出现一条鼠标轨迹的虚线,再次单击绘制的样条线,如图 11-3 所示。

Step 3　单击时间轴上的"自动关键帧"按钮,记录动画,然后打开"修改"面板,在第 0 帧处将"％沿路径"值设置为 100.0,如图 11-4 所示,在第 100 帧处将"％沿路径"值设置为 －100.0,如图 11-5 所示。

图　11-2

图　11-3

图　11-4

IK 系统与角色动画

图　11-5

11.3　Character Studio

3ds Max 中的 Character Studio 功能集提供设置 3D 角色动画的专业工具,能够快速而轻松地构建骨骼,然后设置其动画,从而创建运动序列的一种环境。可以使用动画效果的骨骼来驱动几何的运动,以此创建虚拟的角色。可以生成这些角色的群组,并使用代理系统和程序行为设置群组运动的动画,如图 11-6 所示。

图　11-6

Character Studio 由两个主要部分组成,即 Biped 及 Physique。Biped(两足角色)是新一代的三维人物及动画模拟系统,它用于模拟人物及任何二足动物的动画过程。用 Biped

来简单地设计步迹即可使人物走上楼梯，或跳过障碍，或按节拍跳起舞来。更为奇妙的是可以把一种运动模式复制到任意一种二足动物身上而不需要做重复的工作。这样对于像集体舞之类的创作就变得轻而易举了。

  Physique(形体变形)是一个统一的骨骼变形系统。它用模拟人物(包括二足动物)运动时的复杂的肌肉组织变化的方法来再现逼真的肌肉运动。它可以把肌肉的鼓起、肌腱的拉伸、血管的扩张加到任何一种二足动物身上。它能模拟出逼真的人物来，进而创建出活灵活现的动画效果。

11.3.1　Biped 骨骼系统

  两足动物模型是具有两条腿的体形：人类、动物或是想象物。每个 Biped 是一个为动画而设计的骨架，它被创建为一个互相连接的层次。Biped 骨骼具有即时动画的特性。就像人类一样，Biped 被特意设计成直立行走，然而也可以使用 Biped 来创建多条腿的生物。为与人类躯体的关节相匹配，Biped 骨骼的关节受到了一些限制。Biped 骨骼同时也特意设计为使用 Character Studio 来制作动画，这解决了动画中脚锁定到地面的常见问题。

  下面举例说明如何创建 Biped。

Step 1　单击"创建"面板中的"系统"按钮，在其下方的下拉列表框中选择"标准"选项。单击"Biped"按钮，在视图中创建如图 11-7 所示的骨骼。

图　11-7

IK 系统与角色动画

Step 2 打开"运动"面板,在 Biped 卷展栏中单击 ⛷ 按钮,然后在"足迹创建"卷展栏中单击 ⛷ 按钮,弹出"创建多个足迹:行走"对话框,设置"足迹数"为 10,如图 11-8 所示。

图 11-8

Step 3 单击"确定"按钮,创建足迹如图 11-9 所示。

图 11-9

Step 4 在"足迹操作"卷展栏中单击 ⛷ 按钮,将骨骼绑定到足迹上,如图 11-10 所示。

图　11-10

11.3.2　Physique 修改器

Physique 是一个修改器,将其应用于网格时,允许基本骨骼的运动无缝地移动网格,就像人类皮肤下的骨骼和肌肉。Physique 在所有基于点的对象上运行,包括几何基本体、可编辑网格、基于面片的对象、NURBS 以及 FFD 空间扭曲。对于 NURBS 和 FFD,Physique使控制点变形,反过来控制点又使模型变形。可以将它附加到任何骨骼结构上,其中包括Biped、3ds Max 骨骼、样条线或任何 3ds Max 层次。当将 Physique 应用于蒙皮对象并且为骨骼添加蒙皮时,Physique 基于指定的设置决定骨骼的每个组成部分如何影响每个蒙皮顶点,如图 11-11 所示。

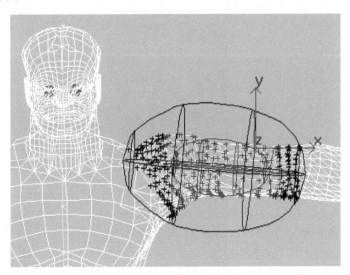

图　11-11

将 Biped 骨骼系统与 Physique 修改器搭配使用,可以产生非常逼真的角色动画。在设置动画时,也可以先为 Biped 骨骼系统设置动画,然后将动画输出为 .bip 格式的文件保存,再将其应用到已经设置了 Physique 修改器的角色模型上。

IK 系统与角色动画

下面通过一个例子来介绍 Physique 修改器的使用方法。

Step 1 选择"文件"→"打开"命令,打开"蒙皮.max"素材文件,如图 11-12 所示。

图　11-12

Step 2 检查该模型以查看手指和脚趾的数量。该模型有 5 个手指,模型穿着鞋,所以看不见脚趾,如图 11-13 所示。

图　11-13

Step 3 选择整个模型,单击 按钮,"显示属性"卷展栏中选中"透明"复选框,该模型变灰并成为透明的,取消选中"以灰色显示冻结对象"复选框,如图 11-14 所示。

提示:选中"透明"复选框,让模型透明使得在模型内部设置姿势时可以查看两足动物;冻结该模型,在处理两足动物时就不会意外将其选中。

Step 4 单击"创建"面板中的"系统"按钮,在其下方的下拉列表框中选择"标准"选项。单击"Biped"按钮,在前视图中创建如

图　11-14

图 11-15 所示的骨骼。

图　11-15

Step 5　在"创建 Biped"卷展栏的底部附近,将"手指"设置为 5,如图 11-16 所示。

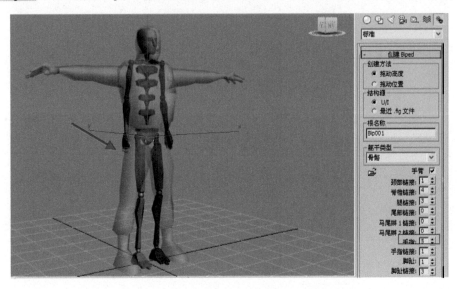

图　11-16

Step 6　单击工具栏中的 ⟳ 按钮进入"运动"面板,单击 Biped 卷展栏中的 ⚡ 按钮,进入体形编辑模式。激活前视图,利用 ⟳ 工具将大腿骨旋转至如图 11-17 所示的位置。

Step 7　选择全部腿骨,单击"创建"面板中的 ⚙ 按钮,在"复制/粘贴"卷展栏中单击 ❋ 按钮,激活"姿态"按钮,然后单击 ⬇ 按钮,复制姿态,再单击 ⬆ 按钮,向对面粘贴姿态,

图　11-17

效果如图 11-18 所示。

图　11-18

Step 8　用同样的方法调整手臂,效果如图 11-19 所示。

Step 9　分别用"移动""旋转"和"缩放"工具调整手指,效果如图 11-20 所示。

Step 10　确定视图中"蒙皮"人物对象为选择状态。打开"修改"面板,在"修改器列表"下拉列表框中选择 Physique 选项,然后单击 ![按钮] 按钮,按 H 键,在弹出的"选择对象"对话框中双击选择 Biped 选项,在弹出的"Physique 初始化"对话框中单击"初始化"按钮,完成蒙皮指定,如图 11-21 所示。

图 11-19

图 11-20

图 11-21

IK 系统与角色动画

Step 11 利用 🔄 工具,旋转脚骨骼,可以发现还有节点封套不完整,如图11-22所示,还有一些顶点未受到骨骼的影响。

图 11-22

Step 12 进入"修改"面板,进入模型的"顶点"子对象层级,单击"按连接选择"按钮,然后再单击脚骨骼,发现骨骼周围有红色的点与蓝色点,蓝色点表示不受骨骼影响,选择蓝色点,单击"指定给横截"按钮,将选择顶点连接骨骼,如图11-23所示。

图 11-23

Step 13 再一次旋转脚骨骼,效果如图11-24所示。

Step 14 用同样的方法将手进行蒙皮调整,加入动作,最终效果如图11-25所示。

图 11-24

图 11-25

IK 系统与角色动画

11.4　经　典　案　例

11.4.1　抬腿弯曲

通过本案例的学习,掌握 HI 解算器的使用方法。

Step 1　选择"文件"→"打开"命令,打开"腿.max"素材文件,如图 11-26 所示。

Step 2　单击"创建"面板中的"系统"按钮,在其下方的下拉列表框中选择"标准"选项。单击"骨骼"按钮,在前视图中从上至下创建 3 根骨骼,稍有弯曲,如图 11-27 所示。

Step 3　选择大腿骨 Bone01,选择"动画"→"IK 解算器"命令,然后单击最后一个骨骼 Bone03,完成 IK 链的创建,如图 11-28 所示。

图　11-26

图　11-27

Step 4   选择腿模型，打开"修改"面板，在"修改器列表"下拉列表框中选择"蒙皮"选项，在"参数"卷展栏中单击"添加"按钮，在弹出的"选择骨骼"对话框中选择 Bone01、Bone02、Bone03 共 3 个骨骼，如图 11-29 所示，然后单击"选择"按钮，将它们进行蒙皮操作。

图　11-28

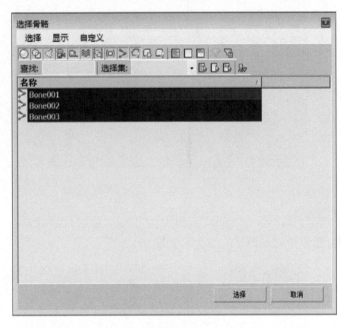

图　11-29

Step 5   使用移动工具，在视图中移动 IK 链，使腿弯曲运动，如图 11-30 所示。

图　11-30

11.4.2　爬行毛毛虫

通过本案例的学习，掌握样条线 IK 解算器的使用方法。

Step 1   选择"文件"→"打开"命令，打开"毛毛虫. max"素材文件，然后单击"创建"面板中的"系统"按钮，在其下方的下拉列表框中选择"标准"选项。单击"骨骼"按钮，在左视图中从上至下创建 9 根骨骼,稍有弯曲,如图 11-31 所示。

图 11-31

Step 2 单击"创建"面板中的"图形"按钮,在"对象类型"卷展栏中单击"线"按钮,在左视图中绘制如图 11-32 所示的线条。

图 11-32

提示:绘制线条过程中,在中间单击几个点,作为 IK 控制点。

Step 3 选择创建的第一根骨骼,选择"动画"→"IK 解算器"→"样条线 IK 解算器"命令,此时将出现一条跟随鼠标轨迹的虚线,单击创建尾部骨骼,如图 11-33 所示,这样就创建了一个样条线 IK 解算器。此时又出现一条跟随鼠标的轨迹的虚线,再次单击绘制的样条线。

图 11-33

Step 4 选择"毛毛虫"模型,打开"修改"面板,在"修改器列表"下拉列表框中选择"蒙皮"选项,在"参数"卷展栏中单击"添加"按钮,在弹出的"选择骨骼"对话框中选择 Bone001、Bone002、Bone003、Bone004、Bone005、Bone006、Bone007、Bone008、Bone009 共 9 个骨骼,如图 11-34 所示,然后单击"选择"按钮,将它们进行蒙皮操作。

图 11-34

Step 5 使用移动工具,在视图中移动 IK 链,制作毛毛虫运动,如图 11-35 所示。

图 11-35

IK 系统与角色动画

11.4.3 运动混合器动画

通过本案例学习,掌握运动混合器的使用方法。

Step 1 选择"文件"→"打开"命令,打开"黑客帝国.max"素材文件,如图 11-36 所示。

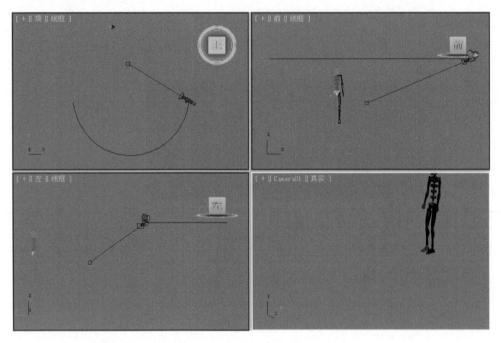

图 11-36

Step 2 在"运动混合器"窗口中右击,在弹出的快捷菜单中选择"新建剪辑"→"来自文件"选项,如图 11-37 所示,在弹出的"打开"对话框中选择如图 11-38 所示的文件。

图 11-37

图 11-38

Step 3 单击"确定"按钮,将动作导入"运动混合器"中,如图 11-39 所示。

图 11-39

第 **11** 章

IK 系统与角色动画

Step 4 产生的动画效果如图 11-40 所示。

图　11-40

11.4.4　动作过渡角色动画

通过本案例学习,掌握运动混合器中过渡效果的设置方法。

Step 1　单击"创建"面板中的"系统"按钮,在其下方的下拉列表框中选择"标准"选项。单击"Biped"按钮,在视图中创建如图 11-41 所示的骨骼。

图　11-41

Step 2　选择骨骼,打开"运动"面板,在"Biped 应用程序"卷展栏中单击"混合器"按钮,弹出"运动混合器"窗口,在窗口中如图 11-42 所示的位置右击,在弹出的快捷菜单中选择"转化为过渡轨迹"选项。

Step 3　在"运动混合器"窗口右击,在弹出的快捷菜单中选择"新建剪辑"→"来自文件"选项,如图 11-43 所示,在弹出的"打开"对话框中选择如图 11-44 所示的文件。

Step 4　单击"打开"按钮,用同样的方法导入第二个动作,如图 11-45 所示。

Step 5　单击时间区域中的 按钮,弹出"时间配置"对话框,将"结束时间"设置为200,如图 11-46 所示,单击"确定"按钮。

图　11-42

图　11-43

图　11-44

IK 系统与角色动画

图　11-45

图　11-46

Step 6　在"运动混合器"窗口中的动作过渡区右击,在弹出的快捷菜单中选择"编辑"选项,在弹出的对话框中设置"角度"为 90.0,如图 11-47 所示。

图　11-47

Step 7 产生的动画效果如图 11-48 所示。

图　11-48

11.4.5　滑冰角色动画

通过滑冰角色动画的制作,学习使用路径约束以及"运动"面板中"关键点信息"参数的设置方法。

Step 1 选择"文件"→"打开"命令,打开"滑冰.max"素材文件,如图 11-49 所示。

图　11-49

Step 2 在顶视图中绘制如图 11-50 所示的曲线。

Step 3 选择滑板,选择"动画"→"约束"→"路径约束"命令,此时将出现一条跟随鼠标轨迹的虚线,如图 11-51 所示,在顶视图中单击曲线,滑板就自由移动到曲线上。

Step 4 在"路径参数"卷展栏中选中"跟随"复选框,将"轴"设置为 Y 轴"翻转",如图 11-52 所示。

图 11-50

图 11-51

图 11-52

Step 5 选择人体,将其移动至如图 11-53 所示的位置,并旋转一定角度,方向与滑板相同。

图　11-53

Step 6 选择腿部骨骼,打开"运动"面板,在"关键点信息"卷展栏中单击 按钮,设置踩踏关键点,如图 11-54 所示。

图　11-54

Step 7 选择主骨骼,将它链接到滑板上,这样人与滑板一起运动,如图 11-55所示。

Step 8 单击时间区域中的"自动关键点"按钮,在第 0、40 帧时让人体下蹲,如图 11-56所示,第 20、60、80 帧时让人体站立,如图 11-57 所示。

Step 9 用同样的方法设置手的动作,产生的动画效果如图 11-58 所示。

IK 系统与角色动画

图 11-55

图 11-56

图 11-57

图 11-58

习　　题

1. 运用 IK 知识制作如图 11-59 所示的曲轴运动。

图　11-59

2. 制作如图 11-60 所示的打气角色动画。

图　11-60

IK 系统与角色动画

第12章 毛发与布料系统

Hair and Fur 修改器用于生成毛发。该修改器可应用于要生长头发的任意对象,快速创建逼真的毛发效果,如图 12-1 所示。使用该修改器不仅可以设置毛发的长度、密度、状态等参数,还可以设置毛发颜色和光泽度的参数,使毛发效果的创建更为简单快捷。

毛发系统主要包括 3 大模块,分别是"毛发修改器""毛发渲染效果"和"毛发灯光属性"。在 3ds Max 中,为一个物体创建毛发完成之后,如果还需要为其设置阴影效果,可以通过"毛发灯光属性"来完成,其中的参数可以调整场景中的灯光照射对毛发所产生的阴影效果。为了在渲染输出得到更好的效果,可以通过"毛发渲染效果"对毛发的渲染输出参数进行设置,毛发系统面板提供毛发的渲染选项、运动模糊、阴影、封闭等参数的设置项,为最终的渲染结果提供了更多的修饰效果。

图 12-1

Cloth(布料)修改器是专门为角色和动物创建逼真的织物和衣服的高级工具,如图 12-2 所示布料作品。

图 12-2

12.1 Hair and Fur(WSM)修改器

Hair and Fur(WSM)修改器是毛发系统的核心。该修改器可以应用在要生长毛发的任何对象上(包括网格对象和样条线对象)。如果是网格对象,毛发从整个曲面上生长出来;

如果是样条线对象,毛发将在格条线之间生长出来。

　　创建一个物体,然后为其加载一个 Hair and Fur (WSM)修改器,可以观察到加载修改器后,物体表面就生长出了毛发效果,如图 12-3 所示。

12.1.1 "选择"卷展栏

　　展开"选择"卷展栏,如图 12-4 所示。

图　12-3

　　 导向:这是一个子对象层级,单击该按钮后,"设计"卷展栏中的"设计发型"工具"设计发型"将自动启用。

　　 面:这是一个子对象层级,可以选择三角形面。

　　 多边形:这是一个子对象层级,可以选择多边形。

　　 元素:这是一个子对象层级,可以通过单击来选择对象中的所有连续多边形。

　　更新选择:根据当前子对象来选择重新要计算毛发生长的区域,然后更新显示,如图 12-5 所示。

12.1.2 "工具"卷展栏

　　展开"工具"卷展栏,如图 12-6 所示。

图　12-4

图　12-5

图　12-6

第12章

毛发与布料系统

从样条线重梳：创建样条线以后，使用该工具在视图中拾取样条线，可以从样条线重梳毛发，如图 12-7 所示。

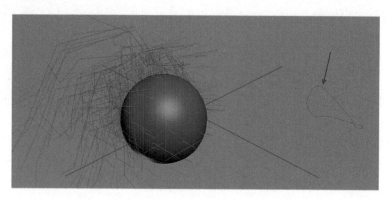

图　12-7

加载：单击该按钮可以弹出"Hair 和 Fur 预设值"对话框，在该对话框中可以加载预设的毛发样式，如图 12-8 所示。

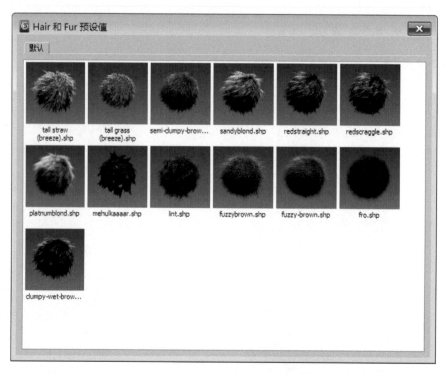

图　12-8

12.2　Cloth（布料）修改器

Cloth（布料）修改器可以应用于布料模拟组成部分和所有对象。该修改器用于定义布料对象和冲突对象、指定属性和执行模拟。Cloth（布料）修改器可以直接在"修改器列表"中进行加载，如图 12-9 所示。

12.2.1 "对象"卷展栏

"对象"卷展栏如图 12-10 所示。在"模拟"选项区域中，模拟
局部和模拟的区别在于模拟局部不产生布料属性的关键帧，而
模拟会产生模拟布料的关键帧动画，另外模拟局部（阻尼）能增
加模拟时布料所受的阻力，减少交叉出错的现象；消除模拟是重
置到布料运动之前的状态；截断模拟是指在当前选择帧之前的
模拟效果将删除，指保留该帧之后的模拟效果。"已选的对象操
纵器"选项区域中，重置状态类似于消除模拟，但是设置初始状
态只是将选择的对象进行重置，其他未选择的布料不进行重置

图 12-9

处理；设置初始状态是指将目前的帧设置为起始帧，但是从 0 帧到该帧的动画仍然保留；删
除对象高速缓存是指已经完成布料动画的对象作为其他布料的冲突对象，其原来的动画将
保存在高速缓存中，删除高速缓存将删除原来的动画效果。抓取状态是指布料动画模拟完
成后，对布料添加编辑多边形等修改器，弥补布料模拟中的不足，然后单击抓取状态将修改
后的最终状态添加到布料动画中，形成正确的布料动画效果，即使删除添加的修改器，布料
动画也将不发生变化。抓取目标状态和重置目标状态是互逆过程，配合下面的显示当前状
态和显示目标状态，显示当前状态是显示最终状态，显示目标状
态是显示抓取的目标状态。显示启用的实体碰撞和自身碰撞将
在视图中显示实体碰撞和自身碰撞的对象物体。

"对象属性"对话框如图 12-11 所示。在其中可以设置哪些对
象模型作为不活动物体，哪些作为 Cloth 物体，哪些作为碰撞冲突
物体。Cloth 物体包含属性 1 和属性 2 两种属性，这是为了满足
不同布料面料和里料材料不同的需要而设置的。Cloth 中包含了
很多预设值，可以直接调用 3ds Max 中已经添加的预设值，也可
以将设置好的参数保存以便于下次加载。在"Cloth 属性"选项区
域中，U、V 弯曲值指的是布料在两个方向上弯曲的阻力值，值越
大，越不容易弯曲；U、V 拉伸值是指拉伸的阻力值，值越大，越不
容易拉伸，布料越硬；剪切力是指布料网格变形的难易程度；密
度是指布料的重量，从而显示在下落速度和变形上；厚度是虚拟
模拟布料的厚度，可以缓解布料与布料之间交叉的现象；排斥是
指布料和碰撞物体之间的排斥距离；空气阻力是指布料在变形过
程中受到的空气阻力；静摩擦力和动摩擦力以及自摩擦力是指布
料自身以及与碰撞物体之间的摩擦力大小；深度是指布料穿透冲
突物体的深度，小于该值时系统会将布料从冲突物体内部拖曳出
来；补偿是指布料和冲突物体之间的间隙，避免网格交叉的程度；
层是指当两个布料进行缝合无法避免相交时，通过层的设置可以
使两块布料之间不产生接缝而是形成上下叠层的情况。选中"各
向异性"复选框将能对 U、V 向进行不同值的设置；选中"使用

对象

对象属性

Cloth 力

模拟

模拟局部

模拟局部（阻尼）

模拟 ☑ 进程

模拟帧： 1

消除模拟

截断模拟

已选的对象操纵器

设置初始状态

重设状态

删除对象高速缓存

抓取状态

抓取目标状态

重置目标状态

☐ 使用目标状态

创建关键点

添加对象

显示当前状态 ☐

图 12-10

Cloth 深度偏移"复选框冲突设置中的深度将沿用 Cloth 设置中的深度。冲突对象中深度、补偿等参数的设置和 Cloth 中类似。

12.2.2 "模拟参数"卷展栏

"模拟参数"卷展栏如图 12-12 所示。其中的厘米/单位是对布料的尺寸进行的设置,布料的大小会影响布料的计算准确程度,这里的值指的是 3ds Max 中设置的单位长度对应的厘米值;重力表示重力加速度值的大小,单击"地球"按钮后将自动设置地球上重力加速度的值;选中"自相冲突"复选框是保证两块布料不相交,避免网格和网格之间相交,而"检查相交"复选框是避免网格和边相交;实体碰撞是指布料和冲突对象之间的碰撞测试。

图　12-11

图　12-12

12.3 经 典 案 例

12.3.1 长毛扫把

通过本案例的学习,掌握"Hair and Fur(WSM)修改器"的使用方法。

Step 1 选择"文件"→"打开"命令,打开"扫把.max"素材文件,在场景中选择扫把模型,在"修改器列表"下拉列表框中选择"Hair and Fur(WSM)"选项,为扫把模型添加毛发,此时扫把上出现了很多杂乱无章的引导线,效果如图 12-13 所示。

Step 2 按 F10 键打开"渲染"面板,观察渲染效果,会发现扫把上产生了很多杂乱无章的毛发,如图 12-14 所示。

图 12-13

图 12-14

Step 3 单击"修改"面板中"选择"卷展栏下的"多边形"按钮 ▣,在场景中选择扫把的底部,如图 12-15 所示,然后单击"更新选择"按钮,此时毛发就只生长在底部的平面上,渲染效果如图 12-16 所示。

图 12-15

毛发与布料系统

Step 4 在"常规参数"卷展栏中设置"毛发数量"值为18000,将"随机比例"值设置为10.0,如图12-17所示。

Step 5 在"卷发参数"卷展栏中设置"卷发根"值为158,使发根产生一定的扭曲;将"卷发梢"值设置为0,渲染效果如图12-18所示。

图 12-16   图 12-17   图 12-18

12.3.2 人物头发

通过本案例的学习,掌握"Hair and Fur(WSM)修改器"中为样条线添加毛发的方法。

Step 1 选择"文件"→"打开"命令,打开"头.max"素材文件,在场景中选择扫把模型,在"修改器列表"下拉列表框中选择"Hair and Fur(WSM)"选项,为扫把模型添加毛发,此时扫把上出现了很多杂乱无章的引导线,单击"修改"面板中"选择"卷展栏下的"多边形"按钮 ■,在场景中选择头顶部,如图12-19所示,然后单击"更新选择"按钮,此时毛发就只生长在底部的平面上,渲染效果如图12-20所示。

Step 2 使用这种方法,缺点是限制头发的长度,剪切长度只能缩短,不能增长。为了得到更长的头发,使用样条线方式。单击"创建"面板中的"图形"按钮 ⊙,在"对象类型"卷展栏中单击"线"按钮,在视图中沿头部模型绘制如图12-21所示的样条线。

图 12-19   图 12-20   图 12-21

提示:当样条线绘制完后,使用"附加"命令将样条线结合成一个整体,附加顺序需要按照绘制的顺序即顺时针方向依次添加,这样就避免添加毛发修改器时出现错误。

Step 3 选择绘制的样条线，在"修改器列表"下拉列表框中选择"Hair and Fur (WSM)"选项，为样条线添加毛发，效果如图12-22所示。

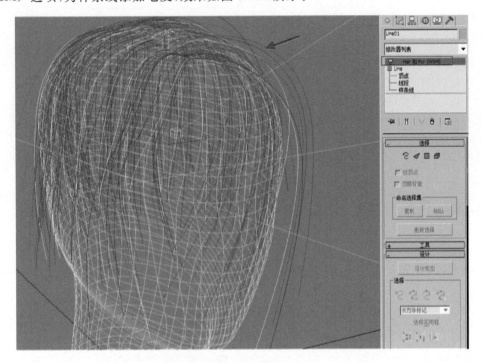

图 12-22

Step 4 在"卷发参数"卷展栏中设置"卷发梢"值为52，使头发更贴近样条线的轮廓，将"卷发根"值设置为69，在"卷发参数"卷展栏中设置"毛发数量"值为1000，"毛发段"值设置为30，将"根厚度"值设置为6，渲染效果如图12-23所示。

12.3.3 布料系统

通过本案例的学习，掌握"Cloth(布料)修改器"的使用方法。

Step 1 选择"文件"→"打开"命令，打开"旋转舞台.max"素材文件，如图12-24所示。

Step 2 单击"创建"面板中的"图形"按钮，在"对象类型"卷展栏中单击"矩形"按钮，创建一个矩形，如图12-25所示。

图 12-23

图 12-24

图 12-25

毛发与布料系统

Step 3 选择创建的矩形,在"修改器列表"下拉列表框中选择 Garment Maker 选项,效果如图 12-26 所示。

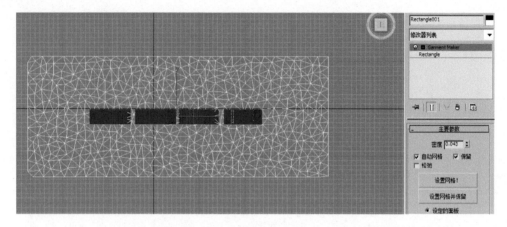

图 12-26

Step 4 发现矩形转变为布料,四周角有缺边。将 Garment Maker 选项删除并将矩形转换为"可编辑样条线",在"修改器列表"下拉列表框中选择"编辑样条线"选项,在"选择"卷展栏中单击 按钮,进入"顶点"子对象层级,选择矩形的 4 个顶点,在"几何体"卷展栏中单击"断开"按钮,将选择的顶点断开,如图 12-27 所示。

图 12-27

Step 5 再次在"修改器列表"下拉列表框中选择 Garment Maker 选项,效果如图 12-28 所示。

Step 6 在"修改器列表"下拉列表框中选择 Colth 选项,在"对象"卷展栏中单击"对象属性"按钮,在弹出的"对象属性"对话框中设置参数,如图 12-29 所示,然后单击"添加对象"按钮,添加"旋转舞台"对象,并设置参数,如图 12-30 所示。

图　12-28

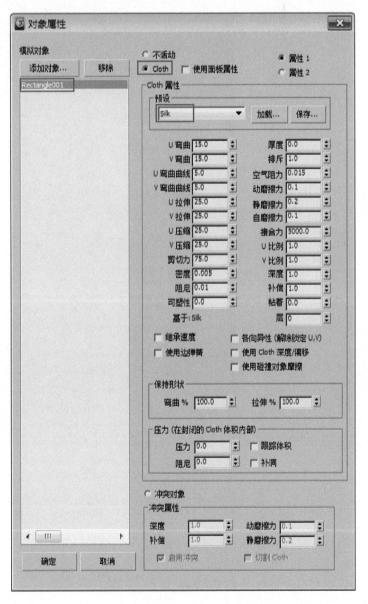

图　12-29

第
12
章

毛发与布料系统

326

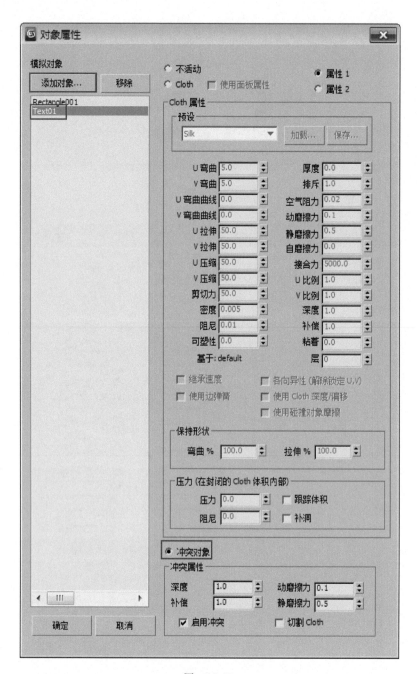

图 12-30

Step 7 单击"确定"按钮,然后在"对象"卷展栏中单击"模拟"按钮,模拟效果如图 12-31 所示。

Step 8 模拟后发现布料与文字接触有问题,需重新模拟,单击"消除模拟"按钮,清除模拟,然后在"对象"卷展栏中单击"对象属性"按钮,在弹出"对象属性"对话框中设置参数,如图 12-32 所示,再次模拟效果如图 12-33 所示。

图　12-31

对象属性

模拟对象

添加对象...　　移除

Rectangle001
Text01

○ 不活动
○ Cloth　□ 使用面板属性

● 属性 1
○ 属性 2

Cloth 属性

预设

　　　　　　　　　　　▼　　加载...　　保存...

U 弯曲 5.0　　　　　厚度 0.0
V 弯曲 5.0　　　　　排斥 1.0
U 弯曲曲线 0.0　　　空气阻力 0.02
V 弯曲曲线 0.0　　　动磨擦力 0.1
U 拉伸 50.0　　　　静磨擦力 0.5
V 拉伸 50.0　　　　自磨擦力 0.0
U 压缩 50.0　　　　接合力 5000.0
V 压缩 50.0　　　　U 比例 1.0
剪切力 50.0　　　　V 比例 1.0
密度 0.005　　　　深度 12.0
阻尼 0.01　　　　　补偿 12.0
可塑性　　　　　　粘着 0.0

基于: default　　　　层 0

□ 继承速度　　　　□ 各向异性 (解除锁定 U,V)
□ 使用边弹簧　　　□ 使用 Cloth 深度/偏移
　　　　　　　　　□ 使用碰撞对象摩擦

保持形状

弯曲 % 100.0　　拉伸 % 100.0

压力 (在封闭的 Cloth 体积内部)

压力 0.0　　　　□ 跟踪体积
阻尼 0.0　　　　□ 补洞

● 冲突对象

冲突属性

深度 12.0　　　动磨擦力 0.1
补偿 12.0　　　静磨擦力 0.5

☑ 启用冲突　　　□ 切割 Cloth

确定　　　取消

图　12-32

第
12
章

毛发与布料系统

图 12-33

12.3.4 缝制人物衣服

通过本案例的学习,掌握将简单二维平面图形转化网格对象的方法,并掌握创建接合口将面板缝合到一起的方法。

Step 1 选择"文件"→"打开"命令,打开"人物.max"素材文件,如图 12-34 所示。

Step 2 激活前视图,单击"创建"面板中的"图形"按钮 ,在"对象类型"卷展栏中单击"线"按钮,在前视图中绘制如图 12-35 所示的衣服图形。

图 12-34

图 12-35

Step 3 将绘制衣服图形复制,移动至如图 12-36 所示的位置,然后附加到一起。

Step 4 在"修改器列表"下拉列表框中选择"编辑样条线"选项,在"选择"卷展栏中单击 按钮,进入"顶点"子对象层级,选择矩形的 4 个顶点,在"几何体"卷展栏中单击"断开"按钮,将选择的顶点断开,如图 12-37 所示。

Step 5 再次单击 按钮,退出"顶点"层级,在"修改器列表"下拉列表框中选择 Garment Maker 选项,然后进入"面板"层级,将衣服面板移动至如图 12-38 所示的位置。

Step 6 在"修改器列表"下拉列表框中选择 Garment Maker 选项,然后进入"接缝"层级,选择边形,进行"创建接缝"按钮进行接缝,效果如图 12-39 所示。

图　12-36

图　12-37

图　12-38

图　12-39

第12章

毛发与布料系统

Step 7 在"修改器列表"下拉列表框中选择 Colth 选项,在"对象"卷展栏中单击"对象属性"按钮,在弹出的"对象属性"对话框中设置参数,如图 12-40 所示,然后单击"添加对象"按钮,添加人物对象,并设置参数,如图 12-41 所示。

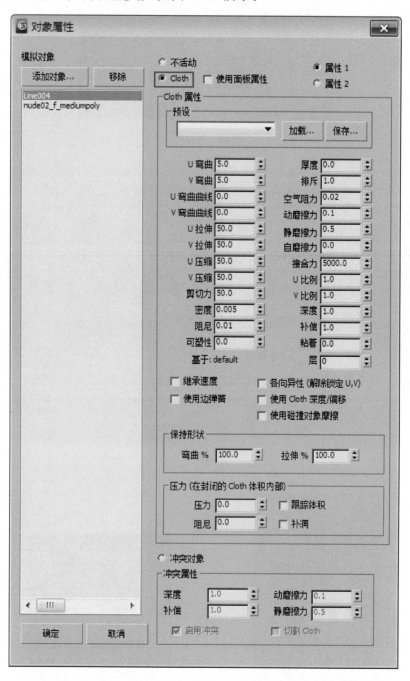

图 12-40

Step 8 单击"确定"按钮,在"模拟参数"卷展栏中取消选中"使用缝合弹簧"复选框,然后在"对象"卷展栏中单击"模拟"按钮,模拟效果如图 12-42 所示。

图 12-41

图 12-42

习　题

1. 制作如图 12-43 所示的毛发效果。

图 12-43

毛发与布料系统

2. 制作如图 12-44 所示的布料。

图　12-44

参 考 文 献

[1] 谭雪松. 3ds Max 2010 基础培训教程[M]. 北京：人民邮电出版社, 2010.

[2] 侯婷. 超写实艺术——3ds Max 材质特效篇[M]. 北京：电子工业出版社, 2009.

[3] 文东. 3ds Max 9 动画制作基础与项目实训[M]. 北京：科学出版社, 2010.

[4] 亓鑫辉. 3ds Max 火星课堂[M]. 北京：北京科海电子出版社, 2005.

[5] 肖尧, 朱鲲鹏. 水晶石技法 3ds Max 建筑模型制作[M]. 北京：人民邮电出版社, 2009.

[6] 何勇. 水晶石技法 3ds Max 动画制作高手之道[M]. 北京：人民邮电出版社, 2014.

后　记

　　3ds Max 在模型塑造、场景渲染、动画及特效等方面都能做出高品质的对象，这也使其在室内设计、建筑表现、影视与游戏制作等领域中占领导地位，成为全球最受欢迎的三维制作软件之一。

　　本人长期从事影视动画教学与设计，将自己的教学与设计经验通过书的形式分享给读者，让读者在学习过程中有更多的动手实践机会，迅速将所学内容应用到实际工作中，实为快事。

　　本书在写作过程，得到湖南科技学院传媒学院领导与同事的支持与鼓励，在这里表示衷心的感谢！最后感谢我的家人对我的关心和激励！

夏三鳌于湖南科技学院桂苑新村

2017 年 3 月 7 日